高等学校"互联网+"新形态教材

高等数学（下册）
同步练习与测试

主 编 张凯凡

副主编 蔡振锋 朱 莹

参 编 黄 毅 万祥兰 左 玲 常 涛

郑 列 耿 亮 方 瑛 费锡仙

李家雄 王 刚 曾 宇 周宁琳

中国水利水电出版社

www.waterpub.com.cn

·北京·

内 容 提 要

本书是《高等数学》（第七版 下册）（高等教育出版社）的配套辅导书. 全书按高等数学课程的教学章节顺序编排，与教材同步. 本书分为 5 章，内容包括：空间解析几何与向量代数、多元函数微分法及其应用、重积分、曲线曲面积分、无穷级数.

针对同行和学生在高等数学课程教学与学习过程中提出的宝贵意见及建议，每章包含同步练习题、自测题，合理设置了基础题、中档题和拔高题的比例，在每一章里纳入了适当的考研真题，具备一定难度，可供有兴趣、有实力的同学开拓视野和训练解题技巧

本书内容充实，难易适中，实用性强，兼顾各个层次的学生，且在书后附有习题的参考答案，部分重难点习题均配备详细的解题过程，对提高学生的解题能力具有积极的促进作用.

本书具有选题灵活、题型丰富、覆盖面广等特点，可作为高等学校理工科高等数学课程的辅导用书，也可供其他相关专业的读者使用，对报考相关专业硕士研究生的学生及从事本课程教学的教师具有一定的参考价值.

图书在版编目（CIP）数据

高等数学(下册)同步练习与测试／张凯凡主编.
—北京：中国水利水电出版社，2021.1（2024.8重印）.
高等学校"互联网+"新形态教材
ISBN 978-7-5170-9394-7

Ⅰ.①高…　Ⅱ.①张…　Ⅲ.①高等数学—高等学校—习题集　Ⅳ.①O13-44

中国版本图书馆 CIP 数据核字（2021）第 010202 号

书　　名	高等学校"互联网+"新形态教材 **高等数学(下册)同步练习与测试** GAODENG SHUXUE（XIACE）TONGBU LIANXI YU CESHI
作　　者	主编 张凯凡 副主编 蔡振锋 朱 莹
出版发行	中国水利水电出版社 （北京市海淀区玉渊潭南路 1 号 D 座　100038） 网址：www. waterpub. com. cn E-mail：zhiboshangshu@163.com 电话：（010）62572966-2205/2266/2201（营销中心）
经　　售	北京科水图书销售有限公司 电话：（010）68545874、63202643 全国各地新华书店和相关出版物销售网点
排　　版	京华图文制作有限公司
印　　刷	河北文福旺印刷有限公司
规　　格	185mm×260mm　16 开本　8.25 印张　102 千字
版　　次	2021 年 1 月第 1 版　2024 年 8 月第 4 次印刷
印　　数	11001—15000 册
定　　价	30.00 元

前　言

　　高等数学是高等学校理科、工科、管理等专业类学生必修的学科基础课程. 对于高等数学课程的学习，不论对数学基础知识的掌握还是解题能力的提高，都离不开大量的练习，但也要避免走入题海战术的误区. 如何有效地做题，一本好的习题集是关键. 我们在多年高等数学课程教学实践的基础上，对大量高等数学习题进行了筛选和编排，编写了这本教材，并与《高等数学》（同济大学数学系主编，第 7 版，高等教育出版社）教材相配套，适合高等学校本科、专科等不同层次学生学习使用.

　　本书在内容的选择和编排上具有以下特点：

　　（1）针对高等数学课程主教材每章每节的课堂教学内容，每一节都配有一定量的同步练习题、难度适中、内容充实、选题新颖，突出基本概念、基本定理和基本运算. 其中，每一节中的选择题发布在网络教学平台，供学生线上使用；填空题与主观题作为纸质版供学生线下使用，做到线上线下混合式教学和学习. 另外，每一章都纳入了适当的考研真题，为有更高训练需求或后期有考研打算的学生指明了需要努力和重点掌握的方向.

　　（2）每章编排了自测题，并按百分制标注分数，供学生直观便捷地自我检测本章内容的学习效果.

　　（3）每节部分重难点习题配备详细的解答过程，可供有兴趣、有更强能力的同学开拓学习视野和训练解题技巧.

　　本书由张凯凡担任主编，蔡振锋、朱莹担任副主编，参加编写的教师有黄毅、左玲、万祥兰、耿亮、常涛、王刚、周宁琳. 郑列、方瑛、李家雄、费锡仙、曾宇参与了自测题和答案的编写与整理工作，全书统稿工作由张凯凡、蔡振锋、朱莹完成，最后由张凯凡定稿.

　　最后，感谢湖北工业大学理学院数学课部的全体教师对本书提出的宝贵的修改意见. 由于编者水平有限，书中疏漏或错误之处在所难免，敬请广大读者不吝指正，以便今后修订，使之更加完善，编者将不胜感激.

编　者

2020 年 12 月

目　　录

第8章　空间解析几何与向量代数

§8.1　向量及其线性运算

1. 填空题.

（1）设向量 $u = a + b + 2c$，$v = -a + 2b - c$，则 $u + 2v =$ _____ .

（2）已知点 $A(1, 2, 3)$，$B(-3, -4, 5)$，$C(0, 0, 1)$，$D(1, 1, 0)$，则点 A 在第_____卦限，点 B 在第_____卦限，点_____在 xOy 平面上，点_____在 z 轴上 .

（3）自点 $A(1, 2, 3)$ 向 xOy 平面作垂线，垂足的坐标是_____；向 z 轴作垂线，垂足的坐标是_____ .

（4）已知两点 $M_1(0, 1, 2)$ 和 $M_2(1, -1, 0)$，则线段 M_1M_2 的中点坐标为_____ .

（5）点 $B(3, 4, 5)$ 关于 xOy 坐标平面的对称点是_____，关于 yOz 坐标平面的对称点是_____，关于 x 轴的对称点是_____，关于原点的对称点是_____ .

（6）向量 $r(1, 1, \sqrt{2})$ 的模长为_____，方向角分别为 $\alpha =$ _____，$\beta =$ _____，$\gamma =$ _____ .

（7）设向量 r 的模为 6，它与 u 轴的夹角为 $\dfrac{\pi}{3}$，则 $\mathrm{prj}_u r =$ _____ .

2. 已知两点 $M_1(0, 2, 1)$ 和 $M_2(1, 0, -1)$，试用坐标表达式表示向量 $\overrightarrow{M_1M_2}$ 以及与 $\overrightarrow{M_1M_2}$ 同方向的单位向量 .

3. 在 yOz 坐标平面上，求与三点 $A(3，1，2)$，$B(4，-2，-2)$，$C(0，5，1)$ 等距离的点．

4. 求点 $M(1，2，3)$ 到各坐标轴的距离．

5. 一向量的终点在 $B(1，2，3)$，它在 x 轴、y 轴、z 轴上的投影依次为 4、-4 和 7，求这个向量的起点 A 的坐标．

§8.2　数量积　向量积　混合积

1. 填空题.

(1) 设 $a = 2i + j + k$，$b = i - j - k$，则 $a \cdot b = $ _____，a 与 b 之间的夹角为 _____，$a \times b = $ _____，$b \times a = $ _____.

(2) 向量 $a = (4, 4, -3)$ 在向量 $b = (2, 1, 2)$ 上的投影为 _____，向量 b 在向量 a 上的投影为 _____，a 与 b 之间的夹角为 _____.

(3) 已知三点坐标为 $A(5, 1, -1)$，$B(0, -4, 3)$，$C(1, -3, 7)$，则以此三点作为顶点的三角形的面积为 _____，BC 边上的高为 _____.

2. 已知向量 $a = (2, -3, 1)$，$b = (1, -1, 3)$ 和 $c = (1, -2, 0)$，计算：

(1) $(a \cdot b)c - (a \cdot c)b$；

(2) $(a + b) \times (b + c)$；

(3) $(a \times b) \cdot c$.

3. 已知 $|a| = 1$，$|b| = 5$，$a \cdot b = 3$，试求：

(1) $|a \times b|$；

(2) $[(a + b) \times (a - b)]^2$.

4. 设 a，b，c 均为单位向量，且满足 $a + b + c = 0$，求 $a \cdot b + b \cdot c + c \cdot a$.

5. 设 a, b 均为单位向量, 且其夹角为 $\dfrac{\pi}{6}$, 求以 $a + 2b$ 与 $3a + b$ 为邻边的平行四边形的面积.

§8.3　平面及其方程

1. 填空题.

(1) 过点 $(4, 5, 6)$ 且以 $n = (1, 2, 3)$ 为法向量的平面方程为＿＿＿＿＿＿＿＿
＿＿＿＿＿＿＿＿＿＿.

(2) 对于平面的一般方程 π: $Ax + By + Cz + D = 0$, 法向量是＿＿＿＿, 当 $A = 0$ 时平面 π ＿＿＿＿, 当 $A = D = 0$ 时, 平面 π ＿＿＿＿. (请在以上空格中填写平面与坐标轴或坐标平面的关系)

(3) 过点 $(1, 2, 3)$ 且与平面 $3x - 7y + 5z - 12 = 0$ 平行的平面方程为＿＿＿＿＿
＿＿＿＿＿＿＿＿＿＿.

(4) 过点 $M_0(1, 2, 3)$ 且与连接坐标原点及点 M_0 的线段 OM_0 垂直的平面方程为
＿＿＿＿＿＿＿＿＿＿＿＿＿＿＿＿＿＿＿＿＿＿＿＿＿.

(5) 点 $O(0, 0, 0)$ 到平面 π: $x + y + z - 1 = 0$ 的距离为＿＿＿＿.

(6) 已知平面 π_1: $A_1x + B_1y + C_1z + D_1 = 0$, π_2: $A_2x + B_2y + C_2z + D_2 = 0$, 则 $\pi_1 \perp \pi_2$ 的充要条件是＿＿＿＿＿＿＿＿＿＿, $\pi_1 /\!/ \pi_2$ 的充要条件是＿＿＿＿＿＿＿, π_1 与 π_2 重合的充要条件是＿＿＿＿＿＿＿.

(7) 平面 π_1: $2x - y + z - 6 = 0$ 与 π_2: $x + y + 2z - 5 = 0$ 的夹角 $\theta = $ ＿＿＿＿.

2. 求过 $(0, 0, 0)$，$(-2, -2, 2)$ 和 $(1, -1, 2)$ 三点的平面方程.

3. 按下列条件求平面方程：

（1）平行于 xOy 平面且经过点 $(2, -5, 3)$；

（2）经过 z 轴和点 $(1, 2, 3)$；

（3）平行于 x 轴且经过两点 $(1, 2, 3)$ 和 $(1, 1, 2)$；

（4）经过点 $(4, 3, 2)$ 且在三坐标轴有相同的截距.

4. 一平面经过 oz 轴且与平面 $2x + y - \sqrt{5}z - 7 = 0$ 的夹角为 $60°$，试求该平面的方程.

5. 求过点 $P(1,\ 2,\ 1)$ 且垂直于两平面 $x + y = 0$ 和 $5y + z = 0$ 的平面方程.

§8.4　空间直线及其方程

1. 填空题.

（1）过两点 $M_1(1,\ 0,\ 0)$ 和 $M_2(0,\ 1,\ 1)$ 的直线方程为_____.

（2）过点 $(1, 2, 3)$ 且平行于直线 $\dfrac{x-3}{2} = \dfrac{y}{1} = \dfrac{1-z}{5}$ 的直线方程为

_____.

（3）直线 $\begin{cases} x - y + z = 1 \\ 2x + y + z = 4 \end{cases}$ 的对称式方程为_____，参数式方程为

_____.

（4）直线 $\begin{cases} x + y + 3z = 0 \\ x - y - z = 0 \end{cases}$ 与平面 $x - y - z + 1 = 0$ 的夹角为＿＿＿＿＿＿．

（5）直线 $\dfrac{x - 1}{1} = \dfrac{y}{-4} = \dfrac{z + 3}{1}$ 和直线 $\dfrac{x}{2} = \dfrac{y + 2}{-2} = \dfrac{z}{-1}$ 的夹角为＿＿＿＿＿＿．

（6）点 $A(1,\ 3,\ -4)$ 在平面 $3x + y - 2z = 0$ 的投影点的坐标为＿＿＿＿＿＿，关于平面 $3x + y - 2z = 0$ 的对称点的坐标为＿＿＿＿＿．

（7）设直线 L 由方程组 $\begin{cases} A_1 x + B_1 y + C_1 z + D_1 = 0 \\ A_2 x + B_2 y + C_2 z + D_2 = 0 \end{cases}$ 确定，则方程 $A_1 x + B_1 y + C_1 z + D_1 + \lambda(A_2 x + B_2 y + C_2 z + D_2) = 0$ 表示＿＿＿＿的平面束．

2. 证明直线 $\begin{cases} x + 2y - z = 1 \\ -2x + y + z = 2 \end{cases}$ 与直线 $\begin{cases} 3x + 6y - 3z = 1 \\ 2x - y - z = 2 \end{cases}$ 平行．

3. 求过点 $(1,\ 2,\ 3)$ 且与两平面 $x + 2z = 1$ 和 $y - 3z = 2$ 平行的直线方程．

4. 求点 $A(2，2，12)$ 在直线 l：$\begin{cases} x - y - 4z + 12 = 0 \\ 2x + y - 2z + 3 = 0 \end{cases}$ 上的投影点坐标，以及点 A 关于直线的对称点坐标，并求点 A 到直线的距离.

5. 求直线 l_1：$\begin{cases} x + y + 2 = 0 \\ x - 2z + 2 = 0 \end{cases}$ 与直线 l_2：$\dfrac{x-1}{4} = \dfrac{y-3}{2} = \dfrac{z+1}{-1}$ 之间的距离.

§8.5　曲面及其方程

1. 填空题.

（1）一动点与两定点 $(2，3，1)$ 和 $(4，5，6)$ 等距离，则该动点的轨迹方程为
_____.

（2）以点 $(1，3，-2)$ 为球心，且通过坐标原点的球面方程为_____.

（3）方程 $x^2 + y^2 + z^2 - 2x + 4y + 2z = 0$ 表示球心在点_____，半径为_____的球面方程.

（4）旋转曲面 $\dfrac{x^2}{4} + \dfrac{y^2}{9} + \dfrac{z^2}{9} = 1$ 是由母线_____绕_____轴旋转一周而成.

（5）柱面 $\dfrac{x^2}{9} + \dfrac{z^2}{4} = 1$ 的母线平行于_____轴.

2. 求与坐标原点 O 及点 $(2，3，4)$ 的距离之比为 $1 : 2$ 的点的全体所组成的曲面方程，它表示怎样的曲面？

3. 一球面通过坐标原点和点 $A(4，0，0)$，$B(0，4，0)$，$C(0，0，4)$，求该球面的球心和半径．

4. 指出下列曲面的准线和母线，并画出草图．

（1）$\dfrac{x^2}{4} + \dfrac{y^2}{9} = 1$；

(2) $z = 2 - x^2$.

5. 说明下列旋转曲面是怎样形成的.

(1) $\dfrac{x^2}{4} + \dfrac{y^2}{9} + \dfrac{z^2}{9} = 1$;

(2) $x^2 - y^2 + z^2 = 1$.

6. 画出下列方程表示的曲面．

（1）$x^2 - y^2 - 4z^2 = 4$；

（2）$\dfrac{z}{3} = \dfrac{x^2}{4} + \dfrac{y^2}{9}$．

§8.6　空间曲线及其方程

1. 填空题．

（1）空间曲面 $x^2 - y^2 = 2z$ 在平面 $x = 0$ 上的截痕曲线为＿＿＿＿＿＿＿，在平面 $z = 0$ 上的截痕曲线为＿＿＿＿＿＿＿．

（2）球面 $x^2 + y^2 + z^2 = 9$ 与平面 $x + z = 1$ 的交线在 xOy 平面上的投影的方程为＿＿＿＿＿＿＿．

（3）球面 $x^2 + y^2 + z^2 = R^2$ 与 $x + z = a$ 交线在 xOy 平面上投影曲线的方程是＿＿＿＿＿＿＿（其中 $0 < a < R$）．

2. 分别求母线平行于 x 轴及 y 轴且通过曲线 $\begin{cases} 2x^2 + y^2 + z^2 = 16 \\ x^2 - y^2 + z^2 = 0 \end{cases}$ 的柱面方程.

3. 将曲线 $\begin{cases} x^2 + y^2 + z^2 = 9 \\ y = x \end{cases}$ 化成参数方程.

4. 求螺旋线 $\begin{cases} x = a\cos\theta \\ y = a\sin\theta \\ z = b\theta \end{cases}$ 在三个坐标平面上的投影曲线的直角坐标方程.

5. 试求把曲线方程 $\begin{cases} 2y^2 + z^2 + 4x = 4z \\ y^2 + 3z^2 - 8x = 12z \end{cases}$ 换成母线分别平行于 x 轴与 z 轴的柱面的交线方程.

自 测 题 八

一、填空题（每小题 3 分，共 15 分）

1. 设在坐标系 $[O; \boldsymbol{i}, \boldsymbol{j}, \boldsymbol{k}]$ 中点 A 和点 M 的坐标依次为 (x_0, y_0, z_0) 和 (x, y, z)，则在 $[A; \boldsymbol{i}, \boldsymbol{j}, \boldsymbol{k}]$ 坐标系中，点 M 的坐标为 _____，向量 $\overrightarrow{OM}$ 的坐标为 _____.

2. 设数 λ_1，λ_2，λ_3 不全为 0，使 $\lambda_1 \boldsymbol{a} + \lambda_2 \boldsymbol{b} + \lambda_3 \boldsymbol{c} = \boldsymbol{0}$，则 $\boldsymbol{a}$，$\boldsymbol{b}$，$\boldsymbol{c}$ 三个向量是 _____的.

3. 设 $\boldsymbol{a} = (2, 1, 2)$，$\boldsymbol{b} = (4, -1, 10)$，$\boldsymbol{c} = \boldsymbol{b} - \lambda \boldsymbol{a}$，且 $\boldsymbol{a} \perp \boldsymbol{b}$，则 $\lambda = $ _____.

4. 过点 $(1, 2, 1)$ 且与向量 $\boldsymbol{a} = (1, -2, -3)$，$\boldsymbol{b} = (0, -1, -1)$ 平行的平面方程是 _____.

5. 设直线 l_1：$\dfrac{x-1}{1} = \dfrac{y+1}{2} = \dfrac{z-1}{\lambda}$ 和直线 l_2：$\dfrac{x+1}{1} = \dfrac{y-1}{1} = \dfrac{z}{1}$ 相交，则 $\lambda = $ _____.

二、选择题（每小题 3 分，共 15 分）

1. 平面 $3x - 3y - 6 = 0$ 是（　　）.

    A. 平行于 xOy 平面   B. 平行于 z 轴，但不通过 z 轴

    C. 垂直于 y 轴   D. 通过 z 轴

2. 设有直线 l_1：$\dfrac{x-1}{1} = \dfrac{y-5}{-2} = \dfrac{z+8}{1}$ 与直线 l_2：$\begin{cases} x - y = 6 \\ 2y + z = 3 \end{cases}$，则 l_1 与 l_2 的夹角为（　　）.

    A. $\dfrac{\pi}{6}$ B. $\dfrac{\pi}{4}$ C. $\dfrac{\pi}{3}$ D. $\dfrac{\pi}{2}$

3. 曲面 $x^2 + y^2 = 9z^2$ 是（　　）.

    A. 球面

    B. xOz 平面上曲线 $x^2 = 9z^2$ 绕 x 轴旋转而成的

C. xOz 平面上曲线 $x^2 = 9z^2$ 绕 y 轴旋转而成的

D. yOz 平面上曲线 $y = 3z$ 绕 z 轴旋转而成的

4. 设空间直线的标准方程为 $\dfrac{x}{0} = \dfrac{y}{1} = \dfrac{z}{2}$，则该直线过原点且（　　）.

    A. 垂直于 x 轴　　　　　　　　　　B. 垂直于 y 轴，但不平行于 x 轴

    C. 垂直于 z 轴，但不平行于 x 轴　　D. 平行于 x 轴

5. 锥面 $x^2 + \dfrac{y^2}{16} = z^2$ 与 yOz 平面的交线为（　　）.

    A. 椭圆　　　　　　　　　　　　　　B. 双曲线

    C. 一对相交直线　　　　　　　　　　D. 一点

三、（本题 10 分）在 x 轴上求与点 A（1，-3，7）和 B（5，7，-5）等距离的点.

四、（本题 10 分）设 $|a| = \sqrt{3}$，$|b| = 1$，$(\widehat{a, b}) = \dfrac{\pi}{6}$，求向量 $a + b$ 与 $a - b$ 的夹角.

五、（本题 10 分）设 $a = (2, -1, -2)$，$b = (1, 1, z)$，问 z 为何值时，$(\widehat{a, b})$ 最小，并求出此最小值．

六、（本题 10 分）动点 P 到 $M_0(-4, 3, 4)$ 的距离等于 P 到 xOy 平面的距离，求动点 P 的轨迹方程．

七、（本题 10 分）求异面直线 $l_1: \dfrac{x}{2} = \dfrac{y+2}{-2} = \dfrac{z-1}{1}$ 与 $l_2: \dfrac{x-1}{4} = \dfrac{y-3}{2} = \dfrac{z+1}{-1}$ 之间的距离．

八、(本题 10 分) 过直线 $l: \begin{cases} x+y-z=0 \\ x+2y+z=0 \end{cases}$ 作两个互相垂直的平面，且其中一个过已知点 $M_1(0,1,-1)$，求这两个平面的方程.

九、(本题 10 分) 求直线 $l: \begin{cases} x+2y-z-6=0 \\ 2x-y+z+1=0 \end{cases}$ 与平面 $\pi: x+y+z=9$ 的交点及夹角.

第 9 章　多元函数微分法及其应用

§9.1　多元函数的基本概念

1. 填空题.

（1）设 $f(x, y) = \ln(x - \sqrt{x^2 - y^2})$ $(x > y > 0)$，则 $f(x + y, x - y) = $ _____ _____ .

（2）设 $z = x + y + f(x - y)$，且当 $y = 0$ 时，$z = x^2$，则 $z = $ _____ .

（3）设 $z = \dfrac{\arcsin(x^2 + y^2)}{\sqrt{y - \sqrt{x}}}$，其定义域为_____ .

（4）若 $f(x + y, \dfrac{y}{x}) = x^2 - y^2$，则 $f(x, y) = $ _____ .

2. 求下列各极限.

（1）$\lim\limits_{(x, y) \to (2, 0)} \dfrac{x^2 + xy + y^2}{x + y}$;

（2）$\lim\limits_{(x, y) \to (0, 0)} \dfrac{1 - \cos(x^2 + y^2)}{(x^2 + y^2) e^{x^2 y^2}}$;

（3）$\lim\limits_{(x,\ y)\to(0,\ 0)} (x^2 + y^2)\sin\dfrac{1}{xy}$ ；

（4）$\lim\limits_{(x,\ y)\to(0,\ 0)} \dfrac{2 - \sqrt{xy + 4}}{xy}$ ；

（5）$\lim\limits_{(x,\ y)\to(0,\ 1)} (1 + xy)^{\frac{1}{x}}$ ；

（6）$\lim\limits_{(x,\ y)\to(+\infty,\ +\infty)}(x^2+y^2)\mathrm{e}^{-x-y}$.

3. 证明极限 $\lim\limits_{(x,\ y)\to(0,\ 0)}\dfrac{x+y}{x-y}$ 不存在.

4. 指出下列函数在何处间断.

（1）$z=\ln(x^2+y^2)$；

（2）$z = \dfrac{y^2 + 2x}{y^2 - 2x}$.

§9.2 偏 导 数

1. 填空题 .

（1）设 $f(x, y) = x + (y - 1)\arcsin\sqrt{\dfrac{x}{y}}$ ，则 $f_x(x, 1) = $ _____ .

（2）设 $f(x, y) = \begin{cases} \dfrac{\sin(x^2 y)}{xy}, & xy \neq 0 \\ 0, & xy = 0 \end{cases}$ ，则 $f_x(0, 1) = $ _____ .

（3）已知函数 $z = f(x + y, x - y) = x^2 - y^2$ ，则 $\dfrac{\partial z}{\partial x} + \dfrac{\partial z}{\partial y} = $ _____ .

题4

（4）曲线 $\begin{cases} z = \dfrac{x^2 + y^2}{4} \\ y = 4 \end{cases}$ 在点 $(2, 4, 5)$ 处的切线与 x 轴正向所成的倾角为 _____ .

2. 求下列函数的偏导数 .

（1）$z = \sin(xy) + \cos^2(xy)$ ；

（2）$z = \sqrt{\ln(xy)}$；

（3）$z = (1 + xy)^y$；

（4）$z = \ln \tan \dfrac{x}{y}$.

3. 设 $f(x, y) = \int_y^x \mathrm{e}^{-t^2}\mathrm{d}t$ ，求 $f_x(x, y)$ ，$f_y(x, y)$ ．

4. 设 $f(x, y, z) = xy^2 + yz^2 + zx^2$，求 $f_{xx}(0, 0, 1)$ ，$f_{xz}(1, 0, 2)$ ，$f_{yz}(0, -1, 0)$ 及 $f_{zzx}(2, 0, 1)$ ．

5. 设 $z = \dfrac{y^2}{3x} + \varphi(xy)$ ，其中 $\varphi(u)$ 可导，证明 $x^2 \dfrac{\partial z}{\partial x} + y^2 = xy \dfrac{\partial z}{\partial y}$ ．

§9.3　全　微　分

1. 填空题.

(1) $f(x, y)$ 在点 (x, y) 处可微分是 $f(x, y)$ 在该点连续的 ＿＿＿＿ 条件, $f(x, y)$ 在点 (x, y) 处连续是 $f(x, y)$ 在该点可微分的 ＿＿＿＿ 条件.

(2) $z = f(x, y)$ 在点 (x, y) 的偏导数 $\dfrac{\partial z}{\partial x}$ 及 $\dfrac{\partial z}{\partial y}$ 存在是 $f(x, y)$ 在该点可微分的 ＿＿＿＿ 条件.

(3) 函数 $z = \ln(x + y^2)$, 则 $\mathrm{d}z\big|_{(1, 0)} =$ ＿＿＿＿ .

(4) 函数 $f(x, y, z) = \left(\dfrac{x}{y}\right)^{\frac{1}{z}}$, 则 $\mathrm{d}f_{(1, 1, 1)} =$ ＿＿＿＿ .

2. 求下列函数的全微分.

(1) 函数 $z = \ln(2 + x^2 + y^2)$ 在 $x = 2$, $y = 1$ 时的全微分;

(2) $z = \sin(x\cos y)$ 的全微分.

3. 已知函数 $u = x^{yz}$ ，求全微分.

4. 用某种材料做一个开口长方体容器，其外形长 5m，宽 4m，高 3m，厚 20cm，求所需材料的近似值与精确值.

§9.4　多元复合函数的求导法则

1. 填空题.

（1）设 $f(x, y)$ 是可微函数，且 $f(x, 2x) = x$ ，$f_1(x, 2x) = x^2$ ，则 $f_2(x, 2x) =$ _____.

（2）设 $u = x^{y^z}$ ，则 $\left. \dfrac{\partial u}{\partial y} \right|_{(3, 2, 2)} =$ _____.

（3）设 $z = e^{x-2y}$ ，而 $x = \sin t$ ，$y = t^3$ ，则 $\dfrac{\mathrm{d}z}{\mathrm{d}t} =$ _____.

2. 设 $z = \arcsin(x - y)$ ，而 $x = 3t$ ，$y = 4t^3$ ，求 $\dfrac{\mathrm{d}z}{\mathrm{d}t}$ ．

3. 设 $z = u^2 + v^2$ ，而 $u = x + y$ ，$v = x - y$ ，求 $\dfrac{\partial z}{\partial x}$，$\dfrac{\partial z}{\partial y}$．

4. 设 $z = f(x,\ y,\ t) = x^2 - y^2 + t$ ，$x = \sin t$ ，$y = \cos t$ ，求 $\dfrac{\mathrm{d}z}{\mathrm{d}t}$．

5. 求下列函数的二阶偏导数（其中 f 具有二阶连续偏导数）．

（1）$z = f(x^2 - y^2)$，求 $\dfrac{\partial^2 z}{\partial y^2}$；

（2）$z = x^3 f\left(xy, \dfrac{y}{x}\right)$，求 $\dfrac{\partial^2 z}{\partial x \partial y}$．

6. 在方程 $\dfrac{\partial^2 u}{\partial x^2} - \dfrac{\partial^2 u}{\partial y^2} = 0$ 中，函数 u 具有二阶连续偏导数，令 $\begin{cases} \xi = x - y \\ \eta = x + y \end{cases}$，求 u 以 ξ 和 η 为自变量的新方程．

§9.5　隐函数的求导公式

1. 填空题.

（1）设由方程 $y = F(x^2 + y^2) + F(x + y)$ 确定隐函数 $y = f(x)$（其中 F 可微），且 $f(0) = 2$，$F'(2) = \dfrac{1}{2}F'(4) = 1$，则 $f'(0) = $ _____ .

（2）设 $x + z = yf(x^2 - z^2)$，$f(u)$ 可微，则 $z\dfrac{\partial z}{\partial x} + y\dfrac{\partial z}{\partial y} = $ _____ .

（3）设 $f(x, y, z) = xy^2z^3$，其中 $z = z(x, y)$ 是由方程 $x^2 + y^2 + z^2 - 3xyz = 0$ 所确定的隐函数，则 $f_x(3, 1, 1) = $ _____ .

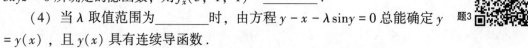
题3

（4）当 λ 取值范围为 _____ 时，由方程 $y - x - \lambda\sin y = 0$ 总能确定 $y = y(x)$，且 $y(x)$ 具有连续导函数.

2. 设 $\cos y + e^x - x^2y = 0$，求 $\dfrac{dy}{dx}$.

3. 设 $x + 2y + z - 2\sqrt{xyz} = 0$，求 $\dfrac{\partial z}{\partial x}$，$\dfrac{\partial z}{\partial y}$.

4. 设 $z^5 - xz^4 + yz^3 = 1$，求 $\dfrac{\partial^2 z}{\partial x \partial y}\bigg|_{(0,\,0)}$．

5. 设由方程 $F(x, y, z) = 0$ 分别可确定具有连续偏导数的函数 $x = x(y, z)$，$y = y(x, z)$，$z = z(x, y)$，证明：$\dfrac{\partial x}{\partial y} \cdot \dfrac{\partial y}{\partial z} \cdot \dfrac{\partial z}{\partial x} = -1$．

6. 求由下列方程组所确定的函数的导数或偏导数．

（1）设 $\begin{cases} x + y + z = 0 \\ x^2 + y^2 + z^2 = 1 \end{cases}$，求 $\dfrac{\mathrm{d}x}{\mathrm{d}z}$，$\dfrac{\mathrm{d}y}{\mathrm{d}z}$；

(2) 设 $\begin{cases} x = \mathrm{e}^u + u\sin v, \\ y = \mathrm{e}^u - u\cos v, \end{cases}$ 求 $\dfrac{\partial u}{\partial x}, \dfrac{\partial u}{\partial y}, \dfrac{\partial v}{\partial x}, \dfrac{\partial v}{\partial y}.$

§9.6　多元函数微分学的几何应用

1. 填空题.

(1) 设 $z = y + \ln\dfrac{x}{2}$，则在点 $M_0(1, 1, 1)$ 的法线方程为＿＿＿＿＿＿＿＿＿＿．

(2) 曲线 $C: \begin{cases} 2x^2 + 3y^2 + z^2 = 9 \\ z^2 = 3x^2 + y^2 \end{cases}$ 在点 $P(1, -1, 2)$ 处的切线方程为＿＿＿＿＿＿，
法平面方程为＿＿＿＿＿＿＿＿＿＿．

(3) 曲面 $x^2 + 2y^2 + 3z^2 = 12$ 上点 $(1, -2, 1)$ 处的切平面方程为＿＿＿＿＿＿＿．

(4) 已知曲面 $z = xy$ 上的点 P 处的法线 l 平行于直线 $l_1: \dfrac{x-6}{2} = \dfrac{y-3}{-1} = \dfrac{2z-1}{2}$，则该
法线方程为＿＿＿＿．

2. 求下列曲线在指定点处的切线方程和法平面方程.

(1) $x = \dfrac{t}{1+t}$，$y = \dfrac{t}{1-t}$，$z = t^2$ 在点 $P\left(\dfrac{2}{3}, -2, 4\right)$ 处；

(2) $\begin{cases} x^2 + y^2 - 10 = 0, \\ y^2 + z^2 - 10 = 0, \end{cases}$ 在点 $(1,\ 1,\ 3)$ 处.

3. 求曲线 $x = t$，$y = t^2$，$z = t^3$ 上的点，使该点的切线平行于平面 $x + 2y + z = 4$.

4. 求曲面 $x^2 + 2y^2 + 3z^2 = 6$ 在点 $(1,\ 1,\ 1)$ 处的切平面和法线方程.

5. 在曲面 $z = xy$ 上求一点，使该点处的法线垂直于平面 $x + 3y + z + 9 = 0$.

6. 试证曲面 $\sqrt{x} + \sqrt{y} + \sqrt{z} = \sqrt{a}\,(a > 0)$ 上任何点处的切平面在各坐标轴上的截距之和为 a.

§9.7　方向导数与梯度

1. 填空题.

（1）设 $f(x, y, z) = x + y^2 + xz$，则 $f(x, y, z)$ 在 $(1, 0, 1)$ 沿方向 $\boldsymbol{l} = 2\boldsymbol{i} - 2\boldsymbol{j} + \boldsymbol{k}$ 的方向导数为_____.

（2）函数 $u = xy + yz + zx$ 在点 $(1, 2, 3)$ 处的梯度为_____.

（3）函数 $u = \ln(x + \sqrt{y^2 + z^2})$ 在点 $A(1, 0, 1)$ 处沿 A 点指向点 $B(3, -2, 2)$ 的方向导数为_____，在点 $A(1, 0, 1)$ 处方向导数的最大值为_____，最小值为_____.

2. 求函数 $z = 3x^4 + xy + y^3$ 在点 $(1, 2)$ 处沿点 $(1, 2)$ 到点 $(0, 3)$ 方向的方向导数.

3. 求函数 $u = x + y + z$ 在球面 $x^2 + y^2 + z^2 = 3$ 上点 $(1, 1, 1)$ 处沿球面在该点的内法线方向的方向导数.

4. 求函数 $f(x, y, z) = x^2 + 2y^2 + 3z^2 + xy + 3x - 2y - 6z$ 在点 $P(1, 1, 1)$ 的梯度和方向导数的最大值.

5. 一个徒步旅行者爬山，已知山的高度满足函数 $z = 1000 - 2x^2 - 3y^2$，当他在点 $(1，1，995)$ 处时，为了尽可能快地升高，他应沿什么方向移动？

§9.8　多元函数的极值及其求法

1. 填空题.

（1）二元实值函数 $z = 2x - y$ 在区域 $D = \{(x，y) \in R^2 \mid 0 \leqslant y \leqslant 1 - \mid x \mid\}$ 上的最小值为 _____ .

（2）若 $f(x，y)$ 在有界闭域 D 内取到最小值，且 M_0 是 $f(x，y)$ 在 D 内的唯一极小值点，则 $f(M_0)$ 必是 $f(x，y)$ 在 D 上的 _____ .（最大值或最小值）

（3）二元函数 $z = 1 - \sqrt{x^2 + y^2}$ 的极大值点是 _____ .

2. 求函数 $z = x^3 - y^3 - 3xy$ 的极值.

3. 求由方程 $x^2 + y^2 + z^2 - 2x + 2y - 4z - 10 = 0$ 所确定的函数 $z = f(x, y)$ 的极值.

4. 求下列函数在指定闭区域 D 的最大值与最小值.

（1）$f(x, y) = x^2 + 2xy + 3y^2$，$D$ 是以 $(-1, 1)$，$(2, 1)$ 和 $(-1, 2)$ 为顶点的三角形.

（2）$z = x^2 + 4y^2 + 9$ 在区域 $x^2 + y^2 \leqslant 4$.

5. 求三个正数，使它们的和为 50 而它们的积最大．

6. 求椭球面 $\dfrac{x^2}{a^2}+\dfrac{y^2}{b^2}+\dfrac{z^2}{c^2}=1$ 第一卦限上的一点，使得此点处的切平面与三坐标面所围成的体积最小．

7. 欲造一个无盖的长方体容器．已知底部造价为每平方米 3 元，侧面造价为每平方米 1 元，现用 36 元造一个容积最大的容器，求它的尺寸．

自 测 题 九

一、填空题（每小题 3 分，共 15 分）．

1. 设函数 $z = y\sin(xy) + (1 - y)\arctan\sqrt{x} + \mathrm{e}^{-2y}$ ，则 $\left.\dfrac{\partial z}{\partial x}\right|_{(1,\,0)} = $ _____ ．

2. 设 $z = \ln(2 + x^2 + y^2)$ ，则 $\mathrm{d}z\big|_{(2,\,1)} = $ _____ ．

3. 设 $f(x,\,y)$ 具有连续偏导数，且当 $x \neq 0$ 时有 $f(x,\,x^2) = 1$ ，$f'_x(x,\,x^2) = x$ ，则 $f'_y(x,\,x^2) = $ _____ ．

4. 函数 $u = xy^2z$ 在点 $(1,\,-1,\,2)$ 处方向导数的最大值为 _____ ．

5. 曲面 $x^2 + 2y^2 + 3z^2 = 21$ 与平面 $x + 4y + 6z = 0$ 平行的切平面方程是 _____ ．

二、选择题（每小题 3 分，共 15 分）．

1. 函数 $z = \arcsin\dfrac{1}{x^2 + y^2} + \sqrt{1 - x^2 - y^2}$ 的定义域为（　　）．

    A. 空集   B. 圆域   C. 圆周   D. 一个点

2. 设 $z = \sqrt{y} + f(\sqrt{x} - 1)$ ，且当 $y = 1$ 时，$z = x$ ，则 $f(y) = $（　　）．

    A. $\sqrt{y} - 1$ B. y C. $y + 2$ D. $y(y + 2)$

3. 二元函数 $z = f(x,\,y)$ 在 $(x_0,\,y_0)$ 处满足关系（　　）．

    A. 可微（指全微分存在）$\Leftrightarrow$ 可导（指偏导数存在）$\Rightarrow$ 连续

    B. 可微 $\Rightarrow$ 可导 $\Rightarrow$ 连续

    C. 可微 $\Rightarrow$ 可导或可微 $\Rightarrow$ 连续，但可导不一定连续

    D. 可导 $\Rightarrow$ 连续，但可导不一定可微

4. 设 $y = f(x,\,t)$ ，t 是由方程 $F(x,\,y,\,t) = 0$ 所确定的 x，y 函数，其中 f，F 都具有一阶连续偏导数，则 $\dfrac{\mathrm{d}y}{\mathrm{d}x} = $（　　）．

    A. $\dfrac{f_x \cdot F_t + f_t \cdot F_x}{F_t}$ B. $\dfrac{f_x \cdot F_t - f_t \cdot F_x}{F_t}$

    C. $\dfrac{f_x \cdot F_t + f_t \cdot F_x}{f_t \cdot F_y + F_t}$ D. $\dfrac{f_x \cdot F_t - f_t \cdot F_x}{f_t \cdot F_y + F_t}$

5. 已知函数 $f(x,\,y)$ 在点 $(0,\,0)$ 的某个邻域内连续，且 $\lim\limits_{\substack{x \to 0 \\ y \to 0}} \dfrac{f(x,\,y) - xy}{(x^2 + y^2)^2} = 1$ ，则（　　）．

    A. 点 $(0,\,0)$ 不是 $f(x,\,y)$ 的极值点

    B. 点 $(0,\,0)$ 是 $f(x,\,y)$ 的极大值点

    C. 点 $(0,\,0)$ 是 $f(x,\,y)$ 的极小值点

    D. 根据所给条件无法判断点 $(0,\,0)$ 是否为 $f(x,\,y)$ 的极值点

三、计算题（每小题7分，共42分）.

1. 求下列极限.

（1）$\lim\limits_{\substack{x\to\infty \\ y\to a}} \left(1+\dfrac{1}{x}\right)^{\frac{x^2}{x+y}}$;

（2）$\lim\limits_{(x,\,y)\to(1,\,0)} \dfrac{\ln(x+\mathrm{e}^y)}{\sqrt{x^2+y^2}}$.

2. 设 $z = xf\left(\dfrac{y}{x}\right) + yg\left(x,\,\dfrac{x}{y}\right)$，其中 f，g 均为二阶可微函数，求 $\dfrac{\partial^2 z}{\partial x \partial y}$.

3. 已知 $\ln\sqrt{x^2+y^2} = \arctan\dfrac{y}{x}$，求 $\dfrac{\mathrm{d}y}{\mathrm{d}x}$.

4. 设 $\boldsymbol{n}$ 是曲面 $z = x^2 + \dfrac{y^2}{2}$ 在点 $P(1,2,3)$ 处指向外侧的法向量，求函数 $u = \sqrt{\dfrac{3x^2+3y^2+z^2}{x}}$ 在点 P 处沿方向 $\boldsymbol{n}$ 的方向导数.

5. 求旋转椭球面 $3x^2 + y^2 + z^2 = 16$ 上点 $(-1,-2,3)$ 处的切平面与 xOy 面的夹角的余弦.

6. 求 $z = x^3 + y^3 - 3x^2 - 3y^2$ 的极值.

四、解答题（每小题 10 分，共 20 分）.

1. 设变换 $\begin{cases} u = x - 2y \\ v = x + ay \end{cases}$，可把方程 $6\dfrac{\partial^2 z}{\partial x^2} + \dfrac{\partial^2 z}{\partial x \partial y} - \dfrac{\partial^2 z}{\partial y^2} = 0$ 化简为 $\dfrac{\partial^2 z}{\partial u \partial v} = 0$（其中 z 有二阶连续偏导数），求常数 a.

2. 求坐标原点到曲线 $C: \begin{cases} x^2 + y^2 - z^2 = 1 \\ 2x - y - z = 1 \end{cases}$ 的最短距离.

五、证明题（本题 8 分）.

已知 x，y，z 为常数，且 $e^x + y^2 + |z| = 3$，求证：$e^x y^2 |z| \leqslant 1$.

第 10 章　重　积　分

§ 10.1　二重积分的概念与性质

1. 填空题 .

(1) 设函数 $f(x, y)$ 在有界闭区域 D 上连续，且 $f(x, y) > 0$，则 $\iint\limits_{D} f(x, y)\mathrm{d}\sigma$ 的几何意义是 _____ .

(2) 设积分区域 D 的面积为 S，则 $\iint\limits_{D} 2\mathrm{d}\sigma =$ _____ .

(3) 已知积分区域 D：$x^2 + y^2 \leqslant a^2 (a > 0)$，则 $\iint\limits_{D} \sqrt{a^2 - x^2 - y^2}\,\mathrm{d}\sigma =$ _____ .

题 3

(4) 若 $f(x, y)$ 在关于 y 轴对称的有界闭区域 D 上连续，且 $f(-x, y) = -f(x, y)$，则 $\iint\limits_{D} f(x, y)\mathrm{d}\sigma =$ _____ .

2. 根据二重积分性质，比较下列积分的大小，填入合适的不等号 .

(1) $\iint\limits_{D} (x + y)^2 \mathrm{d}\sigma$ _____ $\iint\limits_{D} (x + y)^3 \mathrm{d}\sigma$，其中区域 D 由 x 轴，y 轴和直线 $x + y = 1$ 围成 .

(2) $\iint\limits_{D} (x + y)^2 \mathrm{d}\sigma$ _____ $\iint\limits_{D} (x + y)^3 \mathrm{d}\sigma$，其中区域 D 由圆周 $(x - 2)^2 + (y - 1)^2 = 2$ 围成 .

(3) $\iint\limits_{D} \ln(x + y)\mathrm{d}\sigma$ _____ $\iint\limits_{D} [\ln(x + y)]^2 \mathrm{d}\sigma$，其中区域 D 是以 $(1, 0)$，$(1, 1)$，$(2, 0)$ 为顶点的三角形闭区域 .

(4) $\iint\limits_{D} \ln(x + y)\mathrm{d}\sigma$ _____ $\iint\limits_{D} [\ln(x + y)]^2 \mathrm{d}\sigma$，其中 $D = \{(x, y) \mid 3 \leqslant x \leqslant 5, 0 \leqslant y \leqslant 1\}$.

3. 利用二重积分的性质估计下列积分的值.

(1) $I = \iint\limits_{D} xy(x + y)\mathrm{d}\sigma$，其中 $D = \{(x, y) \mid 0 \leq x \leq 1, \ 0 \leq y \leq 1\}$；

(2) $I = \iint\limits_{D} (x^2 + 4y^2 + 9)\mathrm{d}\sigma$，其中 $D = \{(x, y) \mid x^2 + y^2 \leq 4\}$.

§10.2 二重积分的计算法 （一）

1. 填空题.

（1）二重积分 $\iint\limits_{D} f(x, y)\mathrm{d}\sigma$ 的计算与区域 D 的形状有关，一般将"穿过 D 内部且平行于 y 轴的直线与 D 的边界相交不多于两点的区域"称为_____型区域.

（2）当积分区域 D 是_____型时，二重积分 $\iint\limits_{D} f(x, y)\mathrm{d}\sigma$ 一般可以化成先对 x 后对 y 的二次积分，二次积分 $\int_c^d \left[\int_{\psi_1(y)}^{\psi_2(y)} f(x, y)\mathrm{d}x \right] \mathrm{d}y$ 通常写成_____.

（3）对于矩形区域 $D: a \leq x \leq b, \ c \leq y \leq d$，二重积分 $\iint\limits_{D} f(x, y)\mathrm{d}\sigma$ 可以写成 X 型二次积分_____.

（4）三角形区域 $D: 0 \leqslant x \leqslant 1, 0 \leqslant y \leqslant x$ 也是 Y 型区域，所以二重积分 $\iint\limits_{D} f(x, y) \mathrm{d}\sigma$ 可以写成 Y 型二次积分 _____.

（5）当积分区域 D 既是 X 型又是 Y 型时，X 型和 Y 型二次积分可以通过二重积分 $\iint\limits_{D} f(x, y) \mathrm{d}\sigma$ 互相转换，通过交换积分次序，$\int_{0}^{1} \mathrm{d}y \int_{0}^{y} f(x, y) \mathrm{d}x = $ _____.

2. 化二重积分 $I = \iint\limits_{D} f(x, y) \mathrm{d}\sigma$ 为二次积分（两种次序都要），其中积分区域 D 是：

（1）由 $y = x, y^2 = 4x$ 所围成；

（2）由 $y = x, x = 2, y = \dfrac{1}{x}(x > 0)$ 所围成.

3. 如果二重积分 $\iint\limits_{D} f(x, y)\,\mathrm{d}x\mathrm{d}y$ 的被积函数 $f(x, y)$ 是两个函数 $f_1(x)$ 及 $f_2(y)$ 的乘积，即 $f(x, y) = f_1(x)f_2(y)$，积分区域 $D = \{(x, y)\,|\,a \leqslant x \leqslant b,\ c \leqslant y \leqslant d\}$，证明这个二重积分等于两个单积分的乘积，即 $\iint\limits_{D} f_1(x) \cdot f_2(y)\,\mathrm{d}x\mathrm{d}y = \left[\int_a^b f_1(x)\,\mathrm{d}x\right]\left[\int_c^d f_2(y)\,\mathrm{d}y\right]$.

4. 画出积分区域 D，交换积分次序.

（1）$\displaystyle\int_0^2 \mathrm{d}y \int_{y^2}^{2y} f(x, y)\,\mathrm{d}x$；

（2）$\displaystyle\int_0^1 \mathrm{d}y \int_{-\sqrt{1-y^2}}^{\sqrt{1-y^2}} f(x, y)\,\mathrm{d}x$.

5. 画出积分区域，并计算二重积分.

(1) $\iint\limits_{D}(x^2 + y^2)\,\mathrm{d}\sigma$，其中 $D = \{(x,\ y) \mid |x| \leqslant 1,\ |y| \leqslant 1\}$ ；

(2) $\iint\limits_{D}(3x + 2y)\,\mathrm{d}\sigma$，其中 D 是由两坐标轴及直线 $x+y=2$ 所围成的闭区域.

6. 选择恰当的积分次序，计算二重积分.

(1) $\iint\limits_{D}x\,\mathrm{d}\sigma$，$D$ 是由 $y = 0$，$y = \sin x^2$，$x = 0$ 和 $x = \sqrt{\pi}$ 围成的区域；

(2) $\iint\limits_{D} \sin y^2 \mathrm{d}\sigma$，$D$ 是由 $x = 1$，$y = x - 1$，$y = 2$ 所围成的区域；

(3) $\iint\limits_{D} (x^2 + y^2 - x) \mathrm{d}\sigma$，$D$ 是由直线 $y = 2$，$y = x$ 及 $y = 2x$ 所围成的闭区域；

(4) $\iint\limits_{D} x \mathrm{d}\sigma$，$D$ 是以点 $O(0，0)$，$A(1，2)$，$B(2，1)$ 为顶点的三角形区域.

7. 求由平面 $x = 0$，$y = 0$，$x + y = 1$ 所围成的柱体被平面 $z = 0$ 和抛物面 $x^2 + y^2 = 6 - z$ 截得的立体的体积.

§10.2   二重积分的计算法（二）

1. 填空题.

（1）平面上的点 P 既可以用直角坐标 (x, y) 表示，也可以用极坐标 (ρ, θ) 表示，它们之间的关系是_____.

（2）平面曲线 $(x - a)^2 + y^2 = a^2$ 在极坐标下的方程为_____，直线 $x = 1$ 在极坐标下的方程为_____.

（3）当二重积分的变量从直角坐标变换为极坐标时，$\iint\limits_{D} f(x, y) \mathrm{d}\sigma$ 的面积元素从 $\mathrm{d}\sigma$ 变为_____，所以在极坐标下 $\iint\limits_{D} f(x, y) \mathrm{d}\sigma =$_____.

（4）设 D 为圆域：$x^2 + y^2 \leqslant 4$，则 $\iint\limits_{D} e^{\rho^2} \rho \mathrm{d}\rho \mathrm{d}\theta$ 在极坐标系下的二次积分是_____.

（5）设 D 为由圆周 $x^2 + y^2 = 4$，$x^2 + y^2 = 1$，$y = 0$，$y = x$ 围成的在第一象限内的区域，则 $\iint\limits_{D} \theta \rho \mathrm{d}\rho \mathrm{d}\theta$ 在极坐标系下的二次积分是_____.

2. 化下列二次积分为极坐标形式的二次积分.

(1) $\displaystyle\int_0^1 \mathrm{d}x \int_0^1 f(x, y)\,\mathrm{d}y$;

(2) $\displaystyle\int_0^2 \mathrm{d}x \int_x^{\sqrt{3}x} f(\sqrt{x^2 + y^2})\,\mathrm{d}y$.

3. 利用极坐标计算二重积分.

(1) $\displaystyle\iint\limits_{D} \sin(x^2 + y^2)\,\mathrm{d}x\mathrm{d}y$, 其中 D : $\pi^2 \leqslant x^2 + y^2 \leqslant 4\pi^2$;

（2）$\displaystyle\iint\limits_{D}(4-x^2-y^2)\,\mathrm{d}x\mathrm{d}y$，其中 D：$x^2+y^2\le 4$.

4. 应用函数的对称性，计算下列二重积分.

（1）$\displaystyle\iint\limits_{D}\sqrt{R^2-x^2-y^2}\,\mathrm{d}x\mathrm{d}y$，其中 D：$x^2+y^2\le Rx$；

（2）$\displaystyle\iint\limits_{D}|xy|\,\mathrm{d}x\mathrm{d}y$，其中 D：$x^2+y^2\le a^2$.

5. 通过分割区域, 计算二重积分.

(1) $\iint\limits_{D} |x^2 + y^2 - 1|\, \mathrm{d}x\mathrm{d}y$, 其中 D: $x^2 + y^2 \leqslant 4$;

(2) $\iint\limits_{D} \sqrt{x^2 + y^2}\, \mathrm{d}x\mathrm{d}y$, 其中 D: $x^2 + y^2 \leqslant 4$, $x^2 + y^2 \geqslant 2x$, $y \geqslant 0$.

6. 计算以 xOy 面上的圆周 $x^2 + y^2 = ax$ 围成的闭区域为底, 以 $z = x^2 + y^2$ 为顶的曲顶柱体的体积.

7. 设闭区域 D：$x^2 + y^2 \leq y$，$x \geq 0$，$f(x, y)$ 为连续函数，且 $f(x, y) = \sqrt{1 - x^2 - y^2} - \frac{8}{\pi} \iint\limits_{D} f(u, v) \mathrm{d}u \mathrm{d}v$，求 $f(x, y)$．

§10.3 三重积分

1. 填空题.

（1）设函数 $f(x, y, z)$ 为在有界闭区域 Ω 上连续的密度函数，且 $f(x, y, z) > 0$，则 $\iiint\limits_{\Omega} f(x, y, z) \mathrm{d}v$ 的实际意义是_____．

（2）设积分区域 Ω 的体积为 V，则 $\iiint\limits_{\Omega} 2\mathrm{d}v = $_____．

（3）若 $f(x, y, z)$ 在关于 xOy 对称的有界闭区域 Ω 上连续，且 $f(x, y, -z) = -f(x, y, z)$，则 $\iiint\limits_{\Omega} f(x, y, z) \mathrm{d}v = $_____．

（4）化三重积分 $I = \iiint\limits_{\Omega} f(x, y, z) \mathrm{d}v$ 为三次积分，其中 Ω 是由 $z = xy$，$x + y - 1 = 0$，$z = 0$ 所围成的闭区域，则 $I = $_____．

（5）化三重积分 $I = \iiint\limits_{\Omega} f(x, y, z) \mathrm{d}v$ 为三次积分，其中 Ω 是由 $z = x^2 + 2y^2$，$z = 2 - x^2$ 所围成的闭区域，则 $I = $_____．

（6）三维空间内的点 P 既可以用空间直角坐标 (x, y, z) 表示，也可以用柱面坐标 (ρ, θ, z) 表示，它们之间的关系是_____．

（7）当三重积分的变量从直角坐标变换为柱面坐标时，$\iiint\limits_{\Omega} f(x, y, z) \mathrm{d}v$ 的面积元素从 $\mathrm{d}V$ 变为_____，所以在极坐标下 $\iiint\limits_{\Omega} f(x, y, z) \mathrm{d}v = $_____．

2. 计算 $I = \iiint\limits_{\Omega} xz\mathrm{d}x\mathrm{d}y\mathrm{d}z$，其中 Ω 是由平面 $z = 0$，$z = y$，$y = 1$ 以及抛物柱面 $y = x^2$ 所围成的区域.

3. 计算 $I = \iiint\limits_{\Omega} \left(\dfrac{1}{(1 + x + y + z)^3}\right)\mathrm{d}v$，其中 Ω 是由 $x = 0$，$y = 0$，$z = 0$ 及 $x + y + z = 1$ 所围成的区域.

4. 计算 $I = \iiint\limits_{\Omega} z\mathrm{d}x\mathrm{d}y\mathrm{d}z$，其中 Ω 是由锥面 $z = \dfrac{h}{R}\sqrt{x^2 + y^2}$ 与平面 $z = h(R > 0,\ h > 0)$ 所围成的闭区域.

5. 利用柱面坐标计算下列三重积分.

（1）$\iiint\limits_{\Omega} z \mathrm{d}v$，其中 Ω 是由曲面 $z = \sqrt{2 - x^2 - y^2}$ 及 $z = x^2 + y^2$ 所围成的闭区域；

（2）$\iiint\limits_{\Omega}(x^2 + y^2)\mathrm{d}v$，其中 Ω 是由曲面 $x^2 + y^2 = 2z$ 及平面 $z = 2$ 所围成的闭区域.

6. 求上、下分别为球面 $x^2 + y^2 + z^2 = 2$ 和抛物面 $z = x^2 + y^2$ 所围立体的体积.

§10.4　重积分的应用

1. 填空题.

（1）设曲面 S 上任一点的单位法向量为 $\boldsymbol{n} = (\cos\alpha,\ \cos\beta,\ \cos\gamma)$，其中 $\cos\gamma > 0$，若用 $\mathrm{d}\sigma$ 表示 xOy 平面上的面积元素，则曲面 S 的面积元素 $\mathrm{d}A =$ ＿＿＿＿＿＿ $\mathrm{d}\sigma$.

（2）设在 xOy 平面上的 n 个质点分别位于点 $(x_1,\ y_1)$，$(x_2,\ y_2)$，$\cdots$，$(x_n,\ y_n)$，对应的质量分别是 m_1，m_2，$\cdots$，m_n，则该质点系对 x 轴的静矩 $M_x =$ ＿＿＿＿＿＿，对 y 轴的静矩 $M_y =$ ＿＿＿＿＿＿.

（3）设在 xOy 平面闭区域 D 上有一薄片，它的面密度为 $\mu(x,\ y)$，则它的质心坐标为 $\bar{x} =$ ＿＿＿＿＿＿，$\bar{y} =$ ＿＿＿＿＿＿.

2. 求锥面 $z = \sqrt{x^2 + y^2}$ 被柱面 $z^2 = 2x$ 所割下部分的曲面面积.

3. 求球面 $x^2 + y^2 + z^2 = a^2$ 含在圆柱面 $x^2 + y^2 = ax$ 内部的那部分面积.

4. 设平面薄片所占的闭区域 D 由抛物线 $y = x^2$ 及直线 $y = x$ 所围成，它在点 (x, y) 处的面密度 $\mu(x, y) = x^2 y$，求该薄片的质心坐标.

5. 求 $z = \sqrt{a^2 - x^2 - y^2}$ 与 $z = 0$ 所围成的质量均匀的物体的质心坐标（$a > 0$）.

6. 已知均匀矩形（面密度为常数 μ）的长和宽分别为 b 和 h，计算此矩形板对于通过其形心且分别与一边平行的两轴的转动惯量.

7. 一均匀物体（密度 ρ 为常量）占有的闭区域 Ω 由曲面 $z = x^2 + y^2$ 和平面 $z = 0$，$|x| = a$，$|y| = a$ 所围成．

（1）求物体的体积；

（2）求物体的质心；

（3）求物体关于 z 轴的转动惯量．

8. 设均匀柱体密度为 ρ，占有闭区域 $\Omega = \{(x, y, z) \mid x^2 + y^2 \leqslant R^2, 0 \leqslant z \leqslant h\}$，求它对位于点 $M_0(0, 0, a)(a > h)$ 处单位质量的质点的引力．

自 测 题 十

一、填空题（每小题 3 分，共 15 分）．

1. $I = \iiint\limits_{\substack{x^2+y^2\leqslant 1 \\ -1\leqslant z\leqslant 1}} \left[x^3 \mathrm{e}^z \ln(1+x^2) + y3^{y^2} + 2 \right] \mathrm{d}v = $ _____．

2. 交换积分次序：$\int_0^{\frac{1}{4}} \mathrm{d}y \int_y^{\sqrt{y}} f(x,\ y)\,\mathrm{d}x = $ _____．

3. 设 $f(x,\ y)$ 连续，且 $f(x,\ y) = xy + \iint\limits_D f(u,\ v)\,\mathrm{d}u\mathrm{d}v$，其中 D 是由 $y=0$，$y=x^2$，$x=1$ 所围成的区域，则 $f(x,\ y) = $ _____．

4. 积分 $\int_0^2 \mathrm{d}x \int_x^2 \mathrm{e}^{-y^2}\,\mathrm{d}y = $ _____．

5. 交换积分 $\int_0^1 \mathrm{d}x \int_{1-x}^{\sqrt{1-x^2}} f(x,\ y)\,\mathrm{d}y$ 为极坐标系下的二次积分，结果为 _____．

二、选择题（每小题 3 分，共 15 分）．

1. 设 $I_1 = \iint\limits_D \left[\ln(x+y) \right]^7 \mathrm{d}x\mathrm{d}y$，$I_2 = \iint\limits_D (x+y)^7 \mathrm{d}x\mathrm{d}y$，$I_3 = \iint\limits_D \sin^7(x+y)\,\mathrm{d}x\mathrm{d}y$，其中 D 是由 $x=0$，$y=0$，$x+y=\dfrac{1}{2}$，$x+y=1$ 所围成的区域，则 I_1，I_2，I_3 的大小顺序是（　　）．

    A. $I_1 < I_2 < I_3$ B. $I_3 < I_2 < I_1$

    C. $I_1 < I_3 < I_2$ D. $I_3 < I_1 < I_2$

2. 设 $f(x,\ y)$ 是连续函数，交换二次积分 $\int_1^e \mathrm{d}x \int_0^{\ln x} f(x,\ y)\,\mathrm{d}y$ 的积分次序的结果为（　　）．

    A. $\int_1^e \mathrm{d}y \int_0^{\ln x} f(x,\ y)\,\mathrm{d}x$ B. $\int_{\mathrm{e}^y}^e \mathrm{d}y \int_0^1 f(x,\ y)\,\mathrm{d}x$

    C. $\int_0^{\ln x} \mathrm{d}y \int_1^e f(x,\ y)\,\mathrm{d}x$ D. $\int_0^1 \mathrm{d}y \int_{\mathrm{e}^y}^e f(x,\ y)\,\mathrm{d}x$

3. 设 D 是由 xOy 平面内三点 $(1,\ 1)$，$(-1,\ 1)$ 和 $(-1,\ -1)$ 为顶点的三角形区域，D_1 为第一象限部分，则 $\iint\limits_D (xy + \cos x \sin y)\,\mathrm{d}x\mathrm{d}y$ 等于（　　）．

    A. $2\iint\limits_{D_1} \cos x \sin y\,\mathrm{d}x\mathrm{d}y$ B. $2\iint\limits_{D_1} xy\,\mathrm{d}x\mathrm{d}y$

    C. $4\iint\limits_{D_1} (xy + \cos x \sin y)\,\mathrm{d}x\mathrm{d}y$ D. 0

题 3

4. 若区域 D 为 $(x-1)^2 + y^2 \leq 1$ ，则二重积分 $\iint\limits_{D} f(x, y)\mathrm{d}x\mathrm{d}y$ 化成累次积分为（　　）．

A. $\int_0^{\pi}\mathrm{d}\theta\int_0^{2\cos\theta} f(r\cos\theta, r\sin\theta)r\mathrm{d}r$

B. $\int_{-\pi}^{\pi}\mathrm{d}\theta\int_0^{2\cos\theta} f(r\cos\theta, r\sin\theta)r\mathrm{d}r$

C. $\int_{-\frac{\pi}{2}}^{\frac{\pi}{2}}\mathrm{d}\theta\int_0^{2\cos\theta} f(r\cos\theta, r\sin\theta)r\mathrm{d}r$

D. $2\int_0^{\frac{\pi}{2}}\mathrm{d}\theta\int_0^{2\cos\theta} f(r\cos\theta, r\sin\theta)r\mathrm{d}r$

5. 设 $f(x)$ 为连续函数，$F(t) = \int_1^t\mathrm{d}y\int_y^t f(x)\mathrm{d}x$ ，则 $F'(2) = ($　　$)$．

A. $2f(2)$ 　　　　 B. $f(2)$ 　　　　 C. $-f(2)$ 　　　　 D. 0

三、（本题10分）求 $\iint\limits_{D}(x+y)\mathrm{d}x\mathrm{d}y$ ，其中 D 是由 $y=x$，$x=0$，$y=1$ 所围成的区域．

四、（本题10分）求 $\iint\limits_{D}\dfrac{1}{\sqrt{x^2+y^2}}\arctan\dfrac{y}{x}\mathrm{d}\sigma$ ，其中 D：$1\leq x^2+y^2\leq 9$，$0\leq y\leq x$．

五、（本题 10 分）设 $f(x) = \int_0^x \dfrac{\sin t}{\pi - t}\mathrm{d}t$，计算 $\int_0^\pi f(x)\,\mathrm{d}x$.

六、（本题 10 分）计算二重积分 $\displaystyle\iint\limits_D e^{\max\{x^2,\,y^2\}}\mathrm{d}x\mathrm{d}y$，其中 $D = \{(x,\,y) \,|\, 0 \leqslant x \leqslant 1,$ $0 \leqslant y \leqslant 1\}$.

七、（本题 10 分）求曲面 $z = \sqrt{x^2 + y^2}$ 夹在两曲面 $x^2 + y^2 = y$，$x^2 + y^2 = 2y$ 之间的那部分的面积.

八、(本题 10 分) 设 $f(u)$ 为可微函数，且 $f(0) = 0$，证明

$$\lim_{t \to 0^+} \frac{\iint\limits_{x^2+y^2 \leqslant t^2} f(\sqrt{x^2 + y^2}) \,\mathrm{d}x\mathrm{d}y}{\frac{2}{3}\pi t^3} = f'(0).$$

九、(本题 10 分) 计算三重积分 $\iiint\limits_{\Omega} z^2 \mathrm{d}v$，其中 Ω 是两个球：$x^2 + y^2 + z^2 \leqslant R^2$ 和 $x^2 + y^2 + z^2 \leqslant 2Rz(R > 0)$ 的公共部分.

第 11 章　曲线曲面积分

§11.1　对弧长的曲线积分

1. 填空题.

（1）已知曲线 L：$y = x^2$ $(0 \leqslant x \leqslant \sqrt{2})$，则 $\int_L x \mathrm{d}s = $ _____ .

（2）设平面曲线 L 为下半圆周 $y = \sqrt{1 - x^2}$，则 $\int_L (x^2 + y^2) \mathrm{d}s = $ _____ .

（3）设曲线 L 为椭圆 $\dfrac{x^2}{4} + \dfrac{y^2}{3} = 1$，其周长为 a，则 $\int_L (2xy + 3x^2 + 4y^2) \mathrm{d}s = $ _____ .

2. 计算下列对弧长的曲线积分.

（1）$\int_L (x^2 + y^2) \mathrm{d}s$，其中 L 为曲线 $x = a(\cos t + t\sin t)$，$y = a(\sin t - t\cos t)$，$0 \leqslant t \leqslant 2\pi$；

（2）$\int_L (x - y + 1) \mathrm{d}s$，其中 L 是由顶点 $O(0, 0)$，$A(1, 0)$ 及 $B(0, 1)$ 所构成的三角形的边界；

（3）$\int_L y^2 \mathrm{d}s$，其中 L 为摆线的一拱 $x = a(t - \sin t)$，$y = a(1 - \cos t)$，$0 \leqslant t \leqslant 2\pi$；

（4）$\int_\Gamma \dfrac{1}{x^2 + y^2 + z^2} \mathrm{d}s$，其中 Γ 是曲线 $x = \mathrm{e}^t \cos t$，$y = \mathrm{e}^t \sin t$，$z = \mathrm{e}^t$ 上相应 t 从 0 变到 1 的那段弧；

（5）$\int_\Gamma (xy + yz + zx) \mathrm{d}s$，其中 Γ 为球面 $x^2 + y^2 + z^2 = a^2$ 与平面 $x + y + z = 0$ 的交线．

3. 有一铁丝围成圆形，其方程为 $x^2 + y^2 = ax$ ，其线密度为 $\rho(x, y) = \sqrt{x^2 + y^2}$ ，求铁丝的质量．

4. 设螺旋形弹簧一圈的方程为 $x = a\cos t$ ，$y = a\sin t$ ，$z = kt$ ，其中 $0 \leqslant t \leqslant 2\pi$ ，它的线密度 $\rho(x, y, z) = x^2 + y^2 + z^2$ ，求：

（1）它关于 z 轴的转动惯量 I_z ；

（2）它的质心．

§11.2　对坐标的曲线积分

1. 填空题．

（1）设 L 为正向圆周 $x^2 + y^2 = 2$ 在第一象限中的部分，则曲线积分 $\int_L x\mathrm{d}y - 2y\mathrm{d}x =$ _____ ．

（2）设曲线 $L: f(x, y) = 1$（$f(x, y)$ 具有一阶连续偏导数）过第Ⅱ象限内的点 M 和第Ⅳ象限内的点 N ，Γ 为 L 上从点 M 到点 N 的一段弧，则 $\int_\Gamma f(x, y)\mathrm{d}x$ _____ 0；$\int_\Gamma f(x, y)\mathrm{d}y$ _____ 0；$\int_\Gamma f'_x(x, y)\mathrm{d}x + f'_y(x, y)\mathrm{d}y$ _____ 0．（横线上填<，>或＝）

题 2

2. 计算下列对坐标的曲线积分.

（1）$\int_{L}\left[(x+2)^2-y^2\right]\mathrm{d}x+(x+2)y\mathrm{d}y$，其中 L 为从 $A(-2,0)$ 到 $B(-2,1)$ 的有向线段；

（2）$\int_{L}xy^2\mathrm{d}x+(x+y)\mathrm{d}y$，其中 L 为抛物线 $y=x^2$ 上从 $O(0,0)$ 到 $B(1,1)$ 的一段弧；

（3）$\int_{L}x\mathrm{d}y-y\mathrm{d}x$，其中 L 为曲线 $y=|\sin x|$ 从 $B(2\pi,0)$ 到 $O(0,0)$ 的一段弧；

(4) $\oint_L \dfrac{(x+y)\,\mathrm{d}x - (x-y)\,\mathrm{d}y}{x^2+y^2}$，其中 L 为圆周 $x^2+y^2=a^2$ 的正向；

(5) $\displaystyle\int_\Gamma x\,\mathrm{d}x + y\,\mathrm{d}y + (x+y-1)\,\mathrm{d}z$，其中 Γ 是从点 $(1,\,1,\,1)$ 到点 $(2,\,3,\,4)$ 的一段直线；

(6) $\oint_C (z-y)\,\mathrm{d}x + (x-z)\,\mathrm{d}y + (x-y)\,\mathrm{d}z$，其中 C 是曲线 $\begin{cases} x^2+y^2=1 \\ x-y+z=2 \end{cases}$ 从 z 轴正向看去，C 取顺时针方向.

3. 把对坐标的曲线积分 $\int_L P(x, y)\mathrm{d}x + Q(x, y)\mathrm{d}y$ 化成对弧长的曲线积分，其中 L 为上半圆周 $x^2 + y^2 = 2x$ 从点 $(0, 0)$ 到 $(1, 1)$ 的一段弧．

4. 设力场 $F = (x - y, y - z, z - x)$，单位质点沿曲线 L 从点 $A(0, 0, 0)$ 运动到点 $B(1, 1, 1)$，其中 L 的矢量形式为 $\boldsymbol{r}(t) = t\boldsymbol{i} + t^2\boldsymbol{j} + t^3\boldsymbol{k}$，求 F 对运动的单位质点所做的功．

§11.3　格林公式及其应用

1. 填空题．

(1) 设 L 为取逆时针方向的圆周 $x^2 + y^2 = R^2$，则 $\oint_L (2xy - 2y)\mathrm{d}x + (x^2 - 4x)\mathrm{d}y = $ _____．

(2) 设 L 为取逆时针方向的圆周 $x^2 + y^2 = R^2$，则 $\oint_L \dfrac{x\mathrm{d}y - y\mathrm{d}x}{x^2 + y^2} = $ _____．

(3) 若 $\varphi(x)$ 为连续可微函数，$\varphi(0) = 0$，曲线积分 $\int_L xy^2\mathrm{d}x + y\varphi(x)\mathrm{d}y$ 与路径无关，则 $\varphi(x) = $ _____．

2. 利用格林公式，计算下列曲线积分.

（1）$\oint_L (2x - y + 4) \mathrm{d}x + (5y + 3x - 6) \mathrm{d}y$，其中 L 为三顶点分别为 $(0，0)$、$(3，0)$ 和 $(3，2)$ 的三角形正向边界；

（2）$\int_L (3xy + \sin x) \mathrm{d}x + (x^2 - y\mathrm{e}^y) \mathrm{d}y$，其中 L 是抛物线 $y = x^2 - 2x$ 上从点 $O(0，0)$ 到 $B(4，8)$ 的一段弧；

（3）$\int_L (2xy^3 - y^2 \cos x) \mathrm{d}x + (1 - 2y\sin x + 3x^2 y^2) \mathrm{d}y$，其中 L 为在抛物线 $2x = \pi y^2$ 上由点 $(0，0)$ 到 $(\frac{\pi}{2}，1)$ 的一段弧；

(4) $\int_L (3x^2 e^y + y e^{\sin x} \cos x) dx + (x^3 e^y + xy^3 + e^{\sin x}) dy$，其中 L 是从点 $A(-a, 0)$ 沿上半椭圆周 $\dfrac{x^2}{a^2} + \dfrac{y^2}{b^2} = 1$ 到点 $B(a, 0)$ 的曲线段；

(5) $\int_L (y^3 e^x - my) dx + (3y^2 e^x - m) dy$，其中 L 为从 E 到 F 再沿弧 $\overset{\frown}{FG}$ 到 G，$\overset{\frown}{FG}$ 是半圆弧；

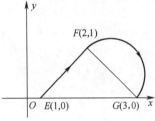

(6) $\int_L \dfrac{(x-y) dx - (x+y) dy}{x^2 + y^2}$，其中 L 是抛物线 $y = x^2 - 2$ 上从点 $A(-2, 2)$ 到点 $B(2, 2)$ 的一段弧.

3. 利用曲线积分，求星形线 $x = a\cos^3 t$，$y = a\sin^3 t$ 所围成图形的面积.

4. 验证：$\dfrac{x\mathrm{d}y - y\mathrm{d}x}{x^2 + y^2}$ 在右半平面 $(x > 0)$ 内是全微分式，并求出一个原函数 $u(x, y)$.

5. 设 $Q(x, y)$ 在 xOy 平面上具有一阶连续偏导数，曲线积分 $\displaystyle\int_L 2xy\mathrm{d}x + Q(x, y)\mathrm{d}y$ 与路径无关，并且对任意 t 恒有：$\displaystyle\int_{(0, 0)}^{(t, 1)} 2xy\mathrm{d}x + Q(x, y)\mathrm{d}y = \int_{(0, 0)}^{(1, t)} 2xy\mathrm{d}x + Q(x, y)\mathrm{d}y$，求 $Q(x, y)$.

§11.4　对面积的曲面积分

1. 填空题.

（1）设 $\Sigma = \{(x, y, z) \mid x + y + z = 1, x \geq 0, y \geq 0, z \geq 0\}$，则 $\displaystyle\iint\limits_{\Sigma} x^2 \mathrm{d}S = $

_____.

（2）设曲面 Σ 关于 xOy 面对称，Σ_1 为 Σ 在 $z \geq 0$ 的部分，Σ_2 为 Σ 在 $z \leq 0$ 的部分，$f(x, y, z)$ 在 Σ 上连续，且 $f(x, y, -z) = -f(x, y, z)$，则 $\displaystyle\iint\limits_{\Sigma} f(x, y, z) \mathrm{d}S = $_____.

（3）设曲面 Σ：$|x| + |y| + |z| = 1$，则 $\displaystyle\oiint\limits_{\Sigma} (x + |y|) \mathrm{d}S = $_____.

2. 计算下列对面积的曲面积分.

（1）$\displaystyle\iint\limits_{\Sigma} \left(z + 2x + \frac{4}{3}y\right) \mathrm{d}s$，其中 Σ 为平面 $\dfrac{x}{2} + \dfrac{y}{3} + \dfrac{z}{4} = 1$ 在第一卦限中的部分；

（2）$\displaystyle\iint\limits_{\Sigma} \frac{\mathrm{d}S}{x^2 + y^2 + z^2}$，其中 Σ 为 $x^2 + y^2 = R^2$ 被平面 $z = 0$ 和 $z = H$ 所截下的部分；

(3) $\displaystyle\oiint_{x^2+y^2+z^2=1} f(x,\ y,\ z)\mathrm{d}S$，其中 $f(x,\ y,\ z)=\begin{cases} x^2+y^2, & z \geqslant \sqrt{x^2+y^2} \\ 0, & z < \sqrt{x^2+y^2} \end{cases}$；

(4) $\displaystyle\iint_{\Sigma}(xy+yz+zx)\mathrm{d}S$，其中 Σ 是 $z=\sqrt{x^2+y^2}$ 被 $x^2+y^2=2x$ 所截下的一块曲面.

3. 求曲面 $z=\dfrac{1}{2}(x^2+y^2)$ 介于 $z=0$ 和 $z=1$ 部分的质量，其中面密度 $\rho(x,\ y,\ z)=z$.

4. 求面密度为 μ_0 的均匀半球壳 $x^2 + y^2 + z^2 = a^2$ （$z \geq 0$）对于 z 轴的转动惯量.

§11.5　对坐标的曲面积分

1. 填空题.

（1）设曲面 Σ 关于 yOz 面对称, Σ 在 $x \geq 0$ 的部分 Σ_1 取前侧, Σ 在 $x \leq 0$ 的部分 Σ_2 取后侧, $P(x, y, z)$ 在 Σ 上连续, 且 $P(-x, y, z) = P(x, y, z)$, 则 $\iint\limits_{\Sigma} P(x, y, z)\mathrm{d}y\mathrm{d}z =$ _____.

（2）设曲面 Σ 为柱面 $x^2 + y^2 = R^2$ 上介于 $z = h$ 和 $z = H(h \neq H)$ 之间的部分, 取外侧, 则 $\iint\limits_{\Sigma} R(x, y, z)\mathrm{d}x\mathrm{d}y =$ _____.

（3）设曲面 Σ 为柱面 $x^2 + y^2 = 1$ 上介于 $z = 0$ 和 $z = 1$ 之间的部分, 取外（或内）侧, 则 $\iint\limits_{\Sigma}(x + y + z)\mathrm{d}y\mathrm{d}z =$ _____.

2. 计算下列对坐标的曲面积分:

（1）$\iint\limits_{\Sigma} x^2 y^2 z\mathrm{d}x\mathrm{d}y$, 其中 Σ 是球面 $x^2 + y^2 + z^2 = R^2$ 的下半部分的下侧;

（2）$\iint\limits_{\Sigma} x\,dydz + y\,dzdx + z\,dxdy$，其中 Σ 为柱面 $x^2 + y^2 = 1$ 被平面 $z = 0$ 及 $z = 3$ 所截部分的外侧；

（3）$\iint\limits_{\Sigma}(x - 2)\,dydz + (y + z)\,dxdy$，其中 Σ 是抛物柱面 $y = \sqrt{x}$ 被平面 $x + z = 1$ 及 $z = 0$ 所截下部分的后侧；

（4）$\iint\limits_{\Sigma} xy\,dydz + yz\,dzdx + zx\,dxdy$，其中 Σ 是由平面 $x + y + z = 1$ 与三个坐标面所围成的四面体的表面外侧；

(5) $\iint\limits_{\Sigma} x\mathrm{d}y\mathrm{d}z + y\mathrm{d}z\mathrm{d}x + \dfrac{\mathrm{e}^z}{\sqrt{x^2+y^2}}\mathrm{d}x\mathrm{d}y$，其中 Σ 为曲面 $z=\sqrt{x^2+y^2}$ （$1\leqslant z\leqslant 2$）的下侧.

3. 计算 $I=\iint\limits_{\Sigma}\big[f(x,\,y,\,z)+x\big]\mathrm{d}y\mathrm{d}z+\big[2f(x,\,y,\,z)+y\big]\mathrm{d}z\mathrm{d}x+\big[f(x,\,y,\,z)+z\big]\mathrm{d}x\mathrm{d}y$，其中 $f(x,\,y,\,z)$ 为连续函数，Σ 是平面 $x-y+z=1$ 在第四卦限部分的上侧.

§11.6　高斯公式　通量与散度

1. 填空题.

（1）设 Ω 是由锥面 $z=\sqrt{x^2+y^2}$ 与半球面 $z=\sqrt{R^2-x^2-y^2}$ 围成的空间区域，Σ 是 Ω 的整个边界的外侧，则 $\oiint\limits_{\Sigma} x\mathrm{d}y\mathrm{d}z + y\mathrm{d}z\mathrm{d}x + z\mathrm{d}x\mathrm{d}y =$ _____.

（2）设 Σ 是锥面 $z=\sqrt{x^2+y^2}$ （$0\leqslant z\leqslant 1$）的下侧，则 $\iint\limits_{\Sigma} x\mathrm{d}y\mathrm{d}z + 2y\mathrm{d}z\mathrm{d}x + 3(z-1)\mathrm{d}x\mathrm{d}y =$ _____.

（3）设曲面 Σ 是 $z=\sqrt{4-x^2-y^2}$ （$0\leqslant z\leqslant 1$）的上侧，则 $\iint\limits_{\Sigma} xy\mathrm{d}y\mathrm{d}z + x\mathrm{d}z\mathrm{d}x + x^2\mathrm{d}x\mathrm{d}y =$ _____.

2. 利用高斯公式，计算下列曲线积分.

（1）$\iint\limits_{\Sigma} x^2 \mathrm{d}y\mathrm{d}z + y^2 \mathrm{d}x\mathrm{d}z + z^2 \mathrm{d}x\mathrm{d}y$，其中 Σ 为平面 $x=0$，$y=0$，$z=0$，$x=a$，$y=a$，$z=a$ 所围成的立体表面的外侧；

（2）$\iint\limits_{\Sigma} x^3 \mathrm{d}y\mathrm{d}z + y^3 \mathrm{d}x\mathrm{d}z + z^3 \mathrm{d}x\mathrm{d}y$，其中 Σ 是球面 $x^2 + y^2 + z^2 = 1$（$z \geqslant 0$）的外侧；

（3）$I = \oiint\limits_{\Sigma} y^2 z \mathrm{d}x\mathrm{d}y + xz \mathrm{d}y\mathrm{d}z + x^2 y \mathrm{d}z\mathrm{d}x$，其中 Σ 是旋转抛物面 $z = x^2 + y^2$，圆柱面 $x^2 + y^2 = 1$ 和坐标面在第一卦限内所围成的空间区域 Ω 的边界曲面外侧；

（4）$\iint\limits_{\Sigma} x\mathrm{d}y\mathrm{d}z + y\mathrm{d}x\mathrm{d}z + (z^2 - 2z)\mathrm{d}x\mathrm{d}y$，其中 Σ 为曲面 $z = \sqrt{x^2 + y^2}$ 介于 $z = 0$ 与 $z = 1$ 之间部分，取下侧；

（5）$I = \iint\limits_{\Sigma} (x^2\cos\alpha + y^2\cos\beta + z^2\cos\gamma)\mathrm{d}S$，其中 Σ 是 $\dfrac{x^2}{a^2} + \dfrac{y^2}{a^2} = \dfrac{z^2}{b^2}(a > 0,\ b > 0)$ 介于 $z = 0$ 与 $z = b$ 之间的曲面，取其外侧.

§11.7　斯托克斯公式　环流量与旋度

1. 填空题.

（1）设 Γ 是柱面 $x^2 + y^2 = 1$ 与平面 $z = x + y$ 的交线，从 z 轴正向往 z 轴负向看去为逆时针方向，则曲线积分 $\oint_{\Gamma} xz\mathrm{d}x + x\mathrm{d}y + \dfrac{y^2}{2}\mathrm{d}z = $ _____.

（2）设 Γ 是平面 $x + y + z = 2$ 与柱面 $|x| + |y| = 1$ 的交线，从 z 轴正向看去，为逆时针方向，则曲线积分 $\oint_{\Gamma} (y^2 - z^2)\mathrm{d}x + (2z^2 - x^2)\mathrm{d}y + (3x^2 - y^2)\mathrm{d}z = $ _____.

2. 利用斯托克斯公式计算下列积分.

（1）计算 $I = \oint_{\Gamma} y^2 \mathrm{d}x + z^2 \mathrm{d}y + x^2 \mathrm{d}z$，其中 Γ 为平面 $x + y + z = a$ 被三个坐标面截成的三角形的边界，其正向与平面三角形上侧的法向量之间符合右手法则；

（2）计算 $I = \oint_{L}(y - z)\mathrm{d}x + (z - x)\mathrm{d}y + (x - y)\mathrm{d}z$，其中 Γ 为椭圆 $x^2 + y^2 = a^2$，$\dfrac{x}{a} + \dfrac{z}{b} = 1$ $(a > 0,\ b > 0)$，若从 x 轴正向看去，椭圆为逆时针方向.

3. 求力 $\boldsymbol{F} = y\boldsymbol{i} + z\boldsymbol{j} + x\boldsymbol{k}$ 沿有向闭曲线 Γ 所做的功，其中 Γ 为平面 $x + y + z = 1$ 被三个坐标面截成的三角形的边界，从 z 轴正向看去，沿顺时针方向.

自测题十一

一、填空题 （每小题 5 分，共 15 分）.

1. 已知 Σ 为顶点为 $(1, 0, 0)$，$(0, 1, 0)$，$(0, 0, 1)$ 的三角形，则 $\iint\limits_{\Sigma}(x + y + z)\mathrm{d}S = $ _____.

2. 已知曲线 L 的方程为 $y = 1 - |x|$，$x \in [-1, 1]$，起点是 $(-1, 0)$，终点是 $(1, 0)$，则曲线积分 $\int\limits_{L} xy\mathrm{d}x + x^2\mathrm{d}y = $ _____.

3. 设 Ω 是由锥面 $z = \sqrt{x^2 + y^2}$ 与半球面 $z = \sqrt{R^2 - x^2 - y^2}$ 围成的空间区域，Σ 是 Ω 的整个边界的外侧，则 $\iint\limits_{\Sigma} x\mathrm{d}y\mathrm{d}z + y\mathrm{d}z\mathrm{d}x + z\mathrm{d}x\mathrm{d}y = $ _____.

二、选择题 （每小题 5 分，共 15 分）.

1. 设 $L_1: x^2 + y^2 = 1$，$L_2: x^2 + y^2 = 2$，$L_3: x^2 + 2y^2 = 2$，$L_4: 2x^2 + y^2 = 2$ 为四条逆时针方向的平面曲线，记 $I_i = \oint\limits_{L_i}\left(y + \dfrac{y^3}{6}\right)\mathrm{d}x + \left(2x - \dfrac{x^3}{3}\right)\mathrm{d}y$ $(i = 1, 2, 3, 4)$，则 $\max\{I_1, I_2, I_3, I_4\} = $ （　　）.

A. I_1　　　　　　B. I_2　　　　　　C. I_3　　　　　　D. I_4

2. 设曲面 Σ 为上半球面 $x^2 + y^2 + z^2 = R^2(z \geqslant 0)$，曲面 Σ_1 是曲面 Σ 在第一卦限中的部分，则有 （　　）.

A. $\iint\limits_{\Sigma} x\mathrm{d}s = 4\iint\limits_{\Sigma_1} x\mathrm{d}s$　　　　　　B. $\iint\limits_{\Sigma} y\mathrm{d}s = 4\iint\limits_{\Sigma_1} x\mathrm{d}s$

C. $\iint\limits_{\Sigma} z\mathrm{d}s = 4\iint\limits_{\Sigma_1} x\mathrm{d}s$　　　　　　D. $\iint\limits_{\Sigma} xyz\mathrm{d}s = 4\iint\limits_{\Sigma_1} xyz\mathrm{d}s$

3. 已知 $\dfrac{(x + ay)\mathrm{d}x + y\mathrm{d}y}{(x + y)^2}$ 为某二元函数的全微分，则常数 $a = $ （　　）.

A. -1　　　　　　B. 0　　　　　　C. 1　　　　　　D. 2

三、计算下列积分 （每小题 6 分，共 30 分）.

1. $\oint\limits_{L}\mathrm{e}^{\sqrt{x^2 + y^2}}\mathrm{d}s$，其中 L 为圆周 $x^2 + y^2 = a^2$，直线 $y = x$ 及 x 轴在第一象限内所围成的扇形的整个边界.

2. $\int_{\Gamma} x^2 \mathrm{d}x + z\mathrm{d}y - y\mathrm{d}z$，其中 Γ 为曲线 $x = k\theta$，$y = a\cos\theta$，$z = a\sin\theta$ 上对应 θ 从 0 到 π 的一段弧.

3. $\int_{L} (12xy + \mathrm{e}^y)\mathrm{d}x - (\cos y - x\mathrm{e}^y)\mathrm{d}y$，其中 L 为由点 $A(-1,1)$ 沿曲线 $y = x^2$ 到点 $O(0,0)$，再沿直线 $y = 0$ 到点 $B(2,0)$ 的路径.

4. $\iint_{\Sigma} |xyz|\mathrm{d}S$，其中 Σ 为 $z = x^2 + y^2$ 介于 $z = 0$ 和 $z = 1$ 之间的部分.

5. $\iint\limits_{\Sigma} 2xz\mathrm{d}y\mathrm{d}z + yz\mathrm{d}z\mathrm{d}x - z^2\mathrm{d}x\mathrm{d}y$ ，其中 Σ 是由曲面 $z = \sqrt{x^2 + y^2}$ 与 $z = \sqrt{2 - x^2 - y^2}$ 所围立体的表面外侧.

四、（本题 10 分）设 $f(x)$ 在 $(-\infty, +\infty)$ 上连续可导，求 $\int_L \dfrac{1 + y^2 f(x, y)}{y}\mathrm{d}x + \int_L \dfrac{x}{y^2}[y^2 f(x, y)]\mathrm{d}y$ ，其中 L 为从点 $A(3, \dfrac{2}{3})$ 到点 $B(1, 2)$ 的直线段.

五、（本题 10 分）计算曲面积分 $I = \iint\limits_{\Sigma} (8y+1)x\mathrm{d}y\mathrm{d}z + 2(1-y^2)\mathrm{d}z\mathrm{d}x - 4yz\mathrm{d}x\mathrm{d}y$，其中 Σ 是由曲线 $\begin{cases} z = \sqrt{y-1} \\ x = 0 \end{cases}$ $(1 \leqslant y \leqslant 3)$ 绕 y 轴旋转一周所成的曲面，它的法向量与 y 轴正向的夹角恒大于 $\dfrac{\pi}{2}$.

六、（本题 10 分）设函数 $\varphi(y)$ 具有连续导数，在围绕原点的任意分段光滑简单闭曲线 L 上，曲线积分 $\oint_L \dfrac{\varphi(y)\mathrm{d}x + 2xy\mathrm{d}y}{2x^2 + y^4}$ 的值恒为同一常数.

（1）证明：对右半平面 $x > 0$ 内的任意分段光滑简单闭曲线 C，有 $\oint_C \dfrac{\varphi(y)\mathrm{d}x + 2xy\mathrm{d}y}{2x^2 + y^4} = 0$；

（2）求函数 $\varphi(y)$ 的表达式.

七、（本题 10 分）设 P，Q，R 在 L 上连续，L 为光滑弧段，弧长为 l，证明：

$$\left| \int_L P\mathrm{d}x + Q\mathrm{d}y + R\mathrm{d}z \right| \le Ml.$$

其中 $M = \max\limits_{(x,\,y,\,z)\in L} \left\{ \sqrt{P^2 + Q^2 + R^2} \right\}$

第 12 章　无穷级数

§12.1　常数项级数的概念和性质

1. 填空题.

(1) 若级数 $\sum\limits_{n=1}^{\infty} u_n$ 的部分和序列 $\{S_n\}$ 为 $\left\{\dfrac{2n}{2n+1}\right\}$，则 $u_n = $ _____，$\sum\limits_{n=1}^{\infty} u_n = $ _____.

(2) $\lim\limits_{n\to\infty} u_n = 0$ 是级数 $\sum\limits_{n=1}^{\infty} u_n$ 收敛的 _____ 条件，不是级数收敛的 _____ 条件.

(3) 已知级数 $\sum\limits_{n=1}^{\infty} u_n$ 收敛，其和为 A，则级数 $\sum\limits_{n=1}^{\infty} (u_n + u_{n+1})$ 的和等于 _____.

(4) 级数 $\sum\limits_{n=0}^{\infty} \dfrac{(\ln 3)^n}{2^n}$ 的和为 _____.

(5) 级数 $\sum\limits_{n=1}^{\infty} \left(\dfrac{1}{2^n} + r^n\right)$ 当 r 取值 _____ 时收敛.

题 5

2. 判断下列级数是否收敛，若收敛，求其和.

(1) $\sum\limits_{n=1}^{\infty} \dfrac{1}{(2n-1)(2n+1)}$；

(2) $\sum\limits_{n=1}^{\infty} \sin\dfrac{n\pi}{6}$;

(3) $\sum\limits_{n=1}^{\infty}\left(\dfrac{1}{2^n}+\dfrac{1}{3^n}\right)$;

(4) $\sum\limits_{n=1}^{\infty}\left(\dfrac{1}{4^n}+\dfrac{4}{n}\right)$;

（5）$\displaystyle\sum_{n=1}^{\infty} n\ln\left(1 + \frac{1}{n}\right)$；

（6）$\displaystyle\sum_{n=1}^{\infty} \left(\sqrt{n+2} - 2\sqrt{n+1} + \sqrt{n}\right)$.

3. 设 $\displaystyle\lim_{n\to\infty} na_n$ 存在，且级数 $\displaystyle\sum_{n=1}^{\infty} n(a_n - a_{n-1})$ 收敛，证明：级数 $\displaystyle\sum_{n=1}^{\infty} a_n$ 收敛.

§12.2　常数项级数的审敛法

1. 填空题.

(1) 若级数 $\sum\limits_{n=1}^{\infty} \dfrac{(-1)^n + a}{n}$ 收敛，则 $a =$ _____ .

题 1

(2) 若级数 $\sum\limits_{n=1}^{\infty} u_n$ 绝对收敛，则级数 $\sum\limits_{n=1}^{\infty} u_n$ 必定_____ .

(3) 若级数 $\sum\limits_{n=1}^{\infty} u_n$ 条件收敛，则级数 $\sum\limits_{n=1}^{\infty} |u_n|$ 必定_____ .

(4) $\lim\limits_{n\to\infty} \dfrac{a_{n+1}}{a_n} = \rho < 1$ 是正项级数收敛的_____条件 .

(5) 已知级数 $\sum\limits_{n=1}^{\infty} (-1)^n \dfrac{1}{n^{2p}}$ 条件收敛，则 p 的取值范围为_____ .

2. 利用比较审敛法或极限形式的比较审敛法判别下列级数的收敛性.

(1) $\sum\limits_{n=1}^{\infty} \dfrac{1}{2n+1}$;

(2) $\sum\limits_{n=1}^{\infty} \dfrac{1}{(n+1)(n+4)}$;

（3）$\sum\limits_{n=1}^{\infty} \dfrac{6^n}{7^n - 5^n}$;

（4）$\sum\limits_{n=1}^{\infty} \dfrac{1}{1 + a^n}$ $(a > 0)$.

3. 利用比值审敛法判别下列级数的收敛性.

（1）$\sum\limits_{n=1}^{\infty} \dfrac{3^n}{n2^n}$;

(2) $\displaystyle\sum_{n=1}^{\infty} \frac{n^2}{3^n}$;

(3) $\displaystyle\sum_{n=1}^{\infty} \frac{n!}{n^n} a^n$;

(4) $\displaystyle\sum_{n=1}^{\infty} n\tan \frac{\pi}{2^{n+1}}$.

4. 用根值审敛法判别下列级数的收敛性.

（1）$\displaystyle\sum_{n=1}^{\infty}\left(\dfrac{2n}{n+1}\right)^{n}$；

（2）$\displaystyle\sum_{n=1}^{\infty}\dfrac{1}{\left[\ln(1+n)\right]^{n}}$；

（3）$\displaystyle\sum_{n=1}^{\infty}\dfrac{\left(1+\dfrac{1}{n}\right)^{n^{2}}}{3^{n}}$；

（4）$\sum\limits_{n=1}^{\infty}\left(\dfrac{b}{a_n}\right)^n$，其中 $\lim\limits_{n\to\infty}a_n=a$，$a_n$，$a$，$b$ 均为正数．

5. 判别下列级数的敛散性．若收敛，指明是绝对收敛还是条件收敛．

（1）$\sum\limits_{n=1}^{\infty}(-1)^n\dfrac{1}{\ln(1+n)}$；

（2）$\sum\limits_{n=1}^{\infty}(-1)^{n-1}(\sqrt{n+1}-\sqrt{n})$；

（3）$\displaystyle\sum_{n=1}^{\infty}(-1)^{n+1}\frac{2^{n^2}}{n!}$；

（4）$\displaystyle\sum_{n=1}^{\infty}(-1)^{n-1}\frac{n}{3^{n-1}}$．

6. 利用级数收敛的必要性，求证：$\displaystyle\lim_{n\to\infty}\frac{n!}{n^n}=0$.

7. 求证：若级数 $\sum\limits_{n=1}^{\infty} a_n^2$ 和 $\sum\limits_{n=1}^{\infty} b_n^2$ 都收敛，则级数 $\sum\limits_{n=1}^{\infty} |a_n b_n|$，$\sum\limits_{n=1}^{\infty} (a_n + b_n)^2$ 及 $\sum\limits_{n=1}^{\infty} \dfrac{|a_n|}{n}$ 均收敛.

§12.3 幂 级 数

1. 填空题.

(1) $\sum\limits_{n=1}^{\infty} \dfrac{x^n}{n}$ 的收敛半径 $R =$ _____，收敛域为_____.

(2) $\sum\limits_{n=0}^{\infty} a_n x^n$ 的收敛域为 $[-2, 2)$，则 $\sum\limits_{n=0}^{\infty} a_n x^{2n}$ 的收敛域为_____.

(3) $\sum\limits_{n=0}^{\infty} a_n x^n$ 的收敛域为 $(-1, 1]$，则 $\sum\limits_{n=0}^{\infty} a_n (x+1)^n$ 的收敛域为_____.

(4) 幂级数 $\sum\limits_{n=0}^{\infty} a_n (x-1)^{2n}$ 在 $x = 2$ 处条件收敛，则其收敛域为 _____.

题4

(5) $\sum\limits_{n=1}^{\infty} (x-1)^n$ 的和函数为_____，收敛域为_____.

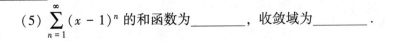
题5

2. 求下列幂级数的收敛半径和收敛区间.

（1）$\displaystyle\sum_{n=1}^{\infty} nx^n$ ；

（2）$\displaystyle\sum_{n=1}^{\infty} \frac{2^n}{n^2+1}x^n$ ；

（3）$\displaystyle\sum_{n=1}^{\infty} (-1)^n \frac{x^{2n+1}}{2n+1}$ ；

(4) $\displaystyle\sum_{n=1}^{\infty} \frac{(x-3)^n}{n^2}$.

3. 求下列幂级数的收敛区间及其和函数.

(1) $\displaystyle\sum_{n=1}^{\infty} \frac{x^{4n+1}}{4n+1}$;

(2) $\displaystyle\sum_{n=1}^{\infty} nx^n$;

(3) $\sum\limits_{n=1}^{\infty} n^2 x^{n-1}$，并求 $\sum\limits_{n=1}^{\infty} (-1)^{n+1} \dfrac{n^2}{2^{n+1}}$ 的和.

§12.4　函数展开成幂级数

1. 填空题.

(1) $f(x) = e^x$ 展开成麦克劳林级数为＿＿＿＿＿＿＿＿，其中 x 应满足＿＿＿＿＿.

(2) $f(x) = \dfrac{1}{1+x}$ 展开成麦克劳林级数为＿＿＿＿＿＿＿＿，其中 x 应满足＿＿＿＿＿.

(3) $f(x) = \ln(1+x)$ 展开成麦克劳林级数为＿＿＿＿＿＿＿＿，其中 x 应满足＿＿＿＿＿.

(4) $f(x) = \sin x$ 展开成麦克劳林级数为＿＿＿＿＿＿＿＿，其中 x 应满足＿＿＿＿＿.

(5) $f(x) = (1+x)^a$ 展开成麦克劳林级数为＿＿＿＿＿＿＿＿，其中 x 应满足＿＿＿＿＿.

2. 将下列函数展开成 x 的幂级数，并求展开式成立的区间.

（1）$\ln(a+x)$（$a>0$）;

（2）a^x（$a>0,\ a\neq 1$）;

（3）$\sin^2 x$;

（4）$\dfrac{x}{1 + x - 2x^2}$．

3. 将函数 $f(x) = \dfrac{1}{x^2 + 3x + 2}$ 展开成 $(x + 4)$ 的幂级数．

4. 将函数 $f(x) = \dfrac{1}{x^2}$ 展开成 $(x - 1)$ 的幂级数．

§12.5 函数的幂级数展开式的应用

1. 计算 $\ln 3$（误差不超过 0.0001）.

2. 计算 $\int_0^{0.5} \dfrac{1}{1 + x^4} \mathrm{d}x$（误差不超过 0.0001）.

3. 利用欧拉公式将函数 $e^x \cos x$ 展开成 x 的幂级数.

4. 利用函数的幂级数展开式求极限 $\lim\limits_{x \to 0} \dfrac{\cos x - e^{-\frac{x^2}{2}}}{x^2(x + \ln(1-x))}$.

§12.7　傅里叶级数

1. 填空题.

（1）设 $f(x)$ 为 $T = 2\pi$ 的周期函数，且能展开成三角级数 $f(x) = \dfrac{a_0}{2} + \sum\limits_{n=1}^{\infty}(a_n\cos nx + b_n\sin nx)$，则 $a_n = $ ＿＿＿＿＿（$n = 0, 1, 2, \cdots$），$b_n = $ ＿＿＿＿＿（$n = 1, 2, \cdots$）.

（2）设 $f(x)$ 为 $T = 2\pi$ 的周期函数，且能展开成三角级数 $f(x) = \dfrac{a_0}{2} + \sum\limits_{n=1}^{\infty}(a_n\cos nx + b_n\sin nx)$，若 x_0 为间断点，则 $\dfrac{a_0}{2} + \sum\limits_{n=1}^{\infty}(a_n\cos nx + b_n\sin nx) = $ ＿＿＿＿＿＿＿＿＿.

（3）已知 $\sigma = 1 + \dfrac{1}{2^2} + \dfrac{1}{3^2} + \dfrac{1}{4^2} + \cdots = \dfrac{\pi^2}{6}$，则 $\sigma_1 = 1 + \dfrac{1}{3^2} + \dfrac{1}{5^2} + \cdots = $ ＿＿＿＿＿＿＿，$\sigma_2 = \dfrac{1}{2^2} + \dfrac{1}{4^2} + \dfrac{1}{6^2} + \cdots = $ ＿＿＿＿＿，$\sigma_3 = 1 - \dfrac{1}{2^2} + \dfrac{1}{3^2} - \dfrac{1}{4^2} + \cdots = $ ＿＿＿＿＿＿＿.

2. 已知 $f(x)$ 为 $T = 2\pi$ 的周期函数，且 $f(x)$ 在 $[-\pi, \pi)$ 上的表达式为 $f(x) = 3x^2 + 1$ $(-\pi \leqslant x < \pi)$，将 $f(x)$ 展开成傅里叶级数.

3. 将函数 $f(x) = \cos \dfrac{x}{2} (-\pi \leqslant x \leqslant \pi)$ 展开成傅里叶级数.

4. 将函数 $f(x) = \dfrac{\pi - x}{2} (0 \leqslant x \leqslant \pi)$ 展开成正弦级数.

5. 将函数 $f(x) = x$ $(0 \leqslant x \leqslant \pi)$ 展开成余弦级数.

§12.8　一般周期函数的傅里叶级数

1. 填空题.

(1) 周期为 $T = 2l$ 的周期函数展开成傅里叶级数为 $f(x) = \dfrac{a_0}{2} + \sum\limits_{n=1}^{\infty} (a_n \cos \dfrac{n\pi x}{l} + b_n \sin \dfrac{n\pi x}{l})$，则 $a_n =$ _____$(n = 0, 1, 2, \cdots)$，$b_n =$ _____$(n = 1, 2, \cdots)$.

(2) 当 $f(x)$ 为 $T = 2l$ 的奇周期函数，$f(x)$ 的傅里叶展开式为_____，其中系数 $a_n =$ _____$(n = 0, 1, 2, \cdots)$，$b_n =$ _____$(n = 1, 2, \cdots)$；

当 $f(x)$ 为 $T = 2l$ 的偶周期函数，$f(x)$ 的傅里叶展开式为_____，其中系数 $a_n =$ _____$(n = 0, 1, 2, \cdots)$，$b_n =$ _____$(n = 1, 2, \cdots)$.

2. 已知 $f(x)$ 为 $T=6$ 的周期函数，在一个周期内 $f(x) = \begin{cases} 2x+1, & -3 \leqslant x < 0 \\ 1, & 0 \leqslant x < 3 \end{cases}$，将 $f(x)$ 展开成傅里叶级数.

3. 已知 $f(x) = \begin{cases} x, & 0 \leqslant x < \dfrac{l}{2} \\ l-x, & \dfrac{l}{2} \leqslant x < l \end{cases}$，（1）将 $f(x)$ 展开成正弦级数；（2）将 $f(x)$ 展开成余弦级数.

自测题十二

一、填空题（每小题 3 分，共 15 分）.

1. 部分和数列 $\{S_n\}$ 有界是正项级数 $\sum\limits_{n=1}^{\infty} a_n$ 收敛的_____条件.

2. 级数 $\sum\limits_{n=1}^{\infty} \dfrac{(-1)^{n-1}}{n^a}$ 绝对收敛，则 a 的取值范围是_____.

题 2

3. 幂级数 $\sum\limits_{n=1}^{\infty} \dfrac{1}{n(2^n+3^n)} x^n$ 的收敛半径为_____.

4. 设幂级数 $\sum\limits_{n=0}^{\infty} a_n x^n$ 的收敛半径为 3，则幂级数 $\sum\limits_{n=1}^{\infty} n a_n (x-1)^{n-1}$ 的收敛半径为

_____.

5. $\int_0^1 \left[1 - \dfrac{x}{1!} + \dfrac{x^2}{2!} - \dfrac{x^3}{3!} + \cdots + \dfrac{(-1)^n}{n!} x^n + \cdots \right] e^{2x} dx = $ _____.

二、选择题（每小题 3 分，共 15 分）.

题 5

1. 设 $0 \leqslant a_n < \dfrac{1}{n}$（$n = 1, 2, \cdots$），则下列级数中肯定收敛的是（　　）.

A. $\displaystyle\sum_{n=1}^{\infty} a_n$　　　　B. $\displaystyle\sum_{n=1}^{\infty} (-1)^n a_n$　　　　C. $\displaystyle\sum_{n=1}^{\infty} \sqrt{a_n}$　　　　D. $\displaystyle\sum_{n=1}^{\infty} (-1)^n a_n^2$

2. 设 $a_n > 0$，$n = 1, 2, \cdots$，若 $\displaystyle\sum_{n=1}^{\infty} a_n$ 发散，$\displaystyle\sum_{n=1}^{\infty} (-1)^{n-1} a_n$ 收敛，则以下结论正确的是（　　）.

A. $\displaystyle\sum_{n=1}^{\infty} a_{2n-1}$ 收敛，$\displaystyle\sum_{n=1}^{\infty} a_{2n}$ 发散　　　　B. $\displaystyle\sum_{n=1}^{\infty} a_{2n}$ 收敛，$\displaystyle\sum_{n=1}^{\infty} a_{2n-1}$ 发散

C. $\displaystyle\sum_{n=1}^{\infty} (a_{2n-1} + a_{2n})$ 收敛　　　　D. $\displaystyle\sum_{n=1}^{\infty} (a_{2n-1} - a_{2n})$ 收敛

3. 设 a 为常数，则级数 $\displaystyle\sum_{n=1}^{\infty} \left(\dfrac{\sin na}{n^2} - \dfrac{1}{\sqrt{n}} \right)$（　　）.

A. 绝对收敛　　B. 条件收敛　　　　C. 发散　　　　D. 收敛性与 a 有关

4. 级数 $\displaystyle\sum_{n=1}^{\infty} (-1)^n \dfrac{(n-3)}{n^3}$ 是（　　）级数.

A. 发散　　　　B. 条件收敛　　　　C. 绝对收敛　　　D. 不能确定

5. 设级数 $\displaystyle\sum_{n=1}^{\infty} a_n$ 收敛，则下列结论不正确的是（　　）.

A. $\displaystyle\sum_{n=1}^{\infty} (a_n + a_{n+1})$ 必收敛　　　　B. $\displaystyle\sum_{n=1}^{\infty} (a_n^2 - a_{n+1}^2)$ 必收敛

C. $\displaystyle\sum_{n=1}^{\infty} (a_{2n} + a_{2n+1})$ 必收敛　　　　D. $\displaystyle\sum_{n=1}^{\infty} (a_{2n} - a_{2n+1})$ 必收敛

三、（每小题 5 分，共 20 分）判断下列级数的敛散性，若收敛，指明是绝对收敛，还是条件收敛.

1. $\displaystyle\sum_{n=1}^{\infty} \dfrac{1}{n \sqrt[n]{n}}$；

2. $\displaystyle\sum_{n=2}^{\infty} \frac{1}{\ln^{10} n}$;

3. $\displaystyle\sum_{n=1}^{\infty} (-1)^n \ln \frac{n+1}{n}$;

4. $\displaystyle\sum_{n=1}^{\infty} (-1)^n \frac{(n+1)!}{n^{n+1}}$.

四、（每小题 5 分，共 10 分）求幂级数的收敛域.

1. $\sum\limits_{n=1}^{\infty} \dfrac{3^n + 5^n}{n} x^n$;

2. $\sum\limits_{n=1}^{\infty} n(x+1)^n$.

五、（每小题 10 分，共 20 分）求幂级数的收敛域及其和函数.

1. $\sum\limits_{n=1}^{\infty} \dfrac{2n-1}{2^n} x^{2n-2}$;

2. $\displaystyle\sum_{n=0}^{\infty} \frac{2n+1}{n!} x^{2n}$.

六、(本题 5 分) 将 $\ln(x + \sqrt{x^2 + 1})$ 展开成 x 的幂级数.

七、（本题 10 分）将函数 $f(x) = \begin{cases} 1, & 0 \leqslant x \leqslant h \\ 0, & h < x \leqslant \pi \end{cases}$ 分别展开成正弦级数和余弦级数．

八、（本题 5 分）若正项数列 $\{a_n\}$ 单调增加且有界，证明：$\sum\limits_{n=1}^{\infty} \left(1 - \dfrac{a_n}{a_{n+1}} \right)$ 收敛．

习题答案与提示

第8章　空间解析几何与向量代数

§8.1　向量及其线性运算

1. (1) $-a + 5b$；

   (2) Ⅰ，Ⅲ，D，C；

   (3) $(1, 2, 0)$，$(0, 0, 3)$；

   (4) $\left(\dfrac{1}{2}, 0, 1\right)$；

   (5) $(3, 4, -5)$，$(-3, 4, 5)$，$(3, -4, 5)$，$(-3, -4, -5)$；

   (6) $2, \dfrac{\pi}{3}, \dfrac{\pi}{3}, \dfrac{\pi}{4}$；

   (7) 3.

2. $(1, -2, -2)$，$\left(\dfrac{1}{3}, -\dfrac{2}{3}, -\dfrac{2}{3}\right)$.

3. $(0, 1, -2)$.

4. x 轴 $\sqrt{13}$；y 轴 $\sqrt{10}$；z 轴 $\sqrt{5}$.

5. $(-3, 6, -4)$.

§8.2　数量积　向量积　混合积

1. (1) $0, \dfrac{\pi}{2}, 3j - 3k, -3j + 3k$；

   (2) $2, \dfrac{6}{\sqrt{41}}, \arccos \dfrac{6}{\sqrt{41}}$；

   (3) $12\sqrt{2}$，8.

2. (1) $-8j - 24k$；

   (2) $-j - k$；

   (3) 2.

3. (1) 4；

   (2) 64.

4. $-\dfrac{3}{2}$.

5. 略.

§8.3　平面及其方程

1. (1) $(x - 4) + 2(y - 5) + 3(z - 6) = 0$ 或 $x + 2y + 3z - 32 = 0$；

(2) $\boldsymbol{n} = (A,\ B,\ C)$，平行 x 轴，包含 x 轴；

(3) $3(x - 1) - 7(y - 2) + 5(z - 3) = 0$ 或 $3x - 7y + 5z - 4 = 0$；

(4) $(x - 1) + 2(y - 2) + 3(z - 3) = 0$ 或 $x + 2y + 3z - 14 = 0$；

(5) $\dfrac{\sqrt{3}}{3}$；

(6) $A_1 A_2 + B_1 B_2 + C_1 C_2 = 0$，$\dfrac{A_1}{A_2} = \dfrac{B_1}{B_2} = \dfrac{C_1}{C_2} \neq \dfrac{D_1}{D_2}$，$\dfrac{A_1}{A_2} = \dfrac{B_1}{B_2} = \dfrac{C_1}{C_2} = \dfrac{D_1}{D_2}$；

(7) $\dfrac{\pi}{3}$.

2. $x - 3y - 2z = 0$.

3. (1) $z = 3$；

　(2) $2x - y = 0$；

　(3) $y - z + 1 = 0$；

　(4) $\dfrac{x}{9} + \dfrac{y}{9} + \dfrac{z}{9} = 1$.

4. $x + 3y = 0$ 或 $-3x + y = 0$.

5. $(x - 1) - (y - 2) + 5(z - 1) = 0$ 或 $x - y + 5z - 4 = 0$.

§8.4　空间直线及其方程

1. (1) $\dfrac{x - 1}{-1} = \dfrac{y}{1} = \dfrac{z}{1}$；

　(2) $\dfrac{x - 1}{2} = \dfrac{y - 2}{1} = \dfrac{z - 3}{-5}$；

　(3) $\dfrac{x - 1}{-2} = \dfrac{y - 1}{1} = \dfrac{z - 1}{3}$，$\begin{cases} x = 1 - 2t \\ y = 1 + t \\ z = 1 + 3t \end{cases}$；

　(4) $\varphi = 0''$；

　(5) $\theta = \dfrac{\pi}{4}$；

　(6) $(-2,\ 2,\ -2)$，$(-5,\ 1,\ 0)$；

　(7) 通过直线 L.

2. 略.

3. $\dfrac{x - 1}{-2} = \dfrac{y - 2}{3} = \dfrac{z - 3}{1}$.

4. $(3,\ 1,\ -4)$，$(4,\ -4,\ -4)$，$\sqrt{74}$.

5. $\dfrac{\sqrt{5}}{5}$.

§8.5　曲面及其方程

1. (1) $4x + 4y + 10z - 63 = 0$；

　(2) $(x - 1)^2 + (y - 3)^2 + (z + 2)^2 = 14$；

$(3)\ (1,\ -2,\ -1),\ \sqrt{6}$;

$(4)\ \begin{cases} \dfrac{x^2}{4} + \dfrac{y^2}{9} = 1 \\ z = 0 \end{cases}$ 或 $\begin{cases} \dfrac{x^2}{4} + \dfrac{z^2}{9} = 1 \\ y = 0 \end{cases}$, x;

$(5)\ y$.

2. 球面，$\left(x + \dfrac{2}{3}\right)^2 + (y + 1)^2 + \left(z + \dfrac{4}{3}\right)^2 = \dfrac{116}{9}$.

3. 球心 $(2,\ 2,\ 2)$，半径 $R = 2\sqrt{3}$.

4. （1）母线平行于 z 轴，准线为 $\begin{cases} \dfrac{x^2}{4} + \dfrac{y^2}{9} = 1 \\ z = 0 \end{cases}$;

（2）母线平行于 y 轴，准线为 $\begin{cases} z = 2 - x^2 \\ y = 0 \end{cases}$.

5. （1）xOy 平面内曲线 $\dfrac{x^2}{4} + \dfrac{y^2}{9} = 1$ 绕 x 轴旋转一周；

（2）xOy 平面内曲线 $x^2 - y^2 = 1$ 绕 y 轴旋转一周.

6. 略.

§8.6 空间曲线及其方程

1. （1）抛物线 $\begin{cases} 2z = -y^2 \\ x = 0 \end{cases}$，两条直线 $\begin{cases} y = \pm x \\ z = 0 \end{cases}$;

（2）$\begin{cases} 2x^2 - 2x + y^2 = 8 \\ z = 0 \end{cases}$;

（3）$\begin{cases} x^2 + y^2 + (a - x)^2 = R^2 \\ z = 0 \end{cases}$.

2. 母线平行于 x 轴的柱面方程为 $3y^2 - z^2 = 16$；母线平行于 y 轴的柱面方程为 $3x^2 + 2z^2 = 16$.

3. $\begin{cases} x = \dfrac{3}{\sqrt{2}}\cos t, \\ y = \dfrac{3}{\sqrt{2}}\cos t, \qquad (0 \leqslant t \leqslant 2\pi). \\ z = 3\sin t, \end{cases}$

4. $\begin{cases} x^2 + y^2 = a^2 \\ z = 0 \end{cases}$, $\begin{cases} y = a\sin\dfrac{z}{b} \\ x = 0 \end{cases}$, $\begin{cases} x = a\cos\dfrac{z}{b} \\ y = 0 \end{cases}$.

5. $\begin{cases} y^2 + (z - 2)^2 = 4 \\ y^2 + 4x = 0 \end{cases}$.

自测题八

一、1. $(x - x_0,\ y - y_0,\ z - z_0)$，$(x,\ y,\ z)$;

2. 共面；

3. 3；

4. $-(x - 1) + (y - 2) - (z - 1) = 0$ 或 $x - y + z = 0$；

5. $\dfrac{5}{4}$.

二、1. B；　2. C；　3. D；　4. A；　5. C.

三、$(5, 0, 0)$.

四、$\arccos \dfrac{2}{\sqrt{7}}$.

五、$z = -4$ 时，最小 $\theta = \dfrac{\pi}{4}$.

六、$x^2 + y^2 + 8x - 6y - 8z + 41 = 0$.

七、$\dfrac{\sqrt{5}}{5}$.

八、π_1：$x + 3y + 3z = 0$；π_2：$9x + 8y - 11z = 0$.

九、$(0, 5, 4)$，$\arcsin \sqrt{\dfrac{7}{15}}$.

第9章　多元函数微分法及其应用

§9.1　多元函数的基本概念

1. （1）$2\ln(\sqrt{x} - \sqrt{y})$；

　　（2）$2y + (x - y)^2$；

　　（3）$\{(x, y) \mid x^2 + y^2 \leqslant 1, \ y > \sqrt{x} \geqslant 0\}$；

　　（4）$x^2 \dfrac{1 - y}{1 + y}$.

2. （1）2；

　　（2）0；

　　（3）0；

　　（4）$-\dfrac{1}{4}$；

　　（5）e；

　　（6）0.

3. 证明略.

4. （1）点 $(0, 0)$ 为间断点；

　　（2）$y^2 = 2x$ 上的点均为间断点.

§9.2　偏导数

1. （1）1；

　　（2）$f_x(0, 1) = 1$；

　　（3）$2x - 2y$；

(4) $\dfrac{\pi}{4}$.

2. (1) $\dfrac{\partial z}{\partial x} = \sin(x + y) + x\cos(x + y) - y\sin 2xy$

$\dfrac{\partial z}{\partial y} = x\cos(x + y) - x\sin 2xy$,

(2) $\dfrac{\partial z}{\partial x} = \dfrac{1}{2x\sqrt{\ln(xy)}}$, $\dfrac{\partial z}{\partial y} = \dfrac{1}{2y\sqrt{\ln(xy)}}$;

(3) $\dfrac{\partial z}{\partial x} = y^2(1 + xy)^{y-1}$, $\dfrac{\partial z}{\partial y} = (1 + xy)^y\left[\ln(1 + xy) + \dfrac{xy}{1 + xy}\right]$;

(4) $\dfrac{\partial z}{\partial x} = \dfrac{1}{y}\cot\dfrac{x}{y}\sec^2\dfrac{x}{y}$, $\dfrac{\partial z}{\partial y} = -\dfrac{x}{y^2}\cot\dfrac{x}{y}\sec^2\dfrac{x}{y}$.

3. $f_x(x, y) = \mathrm{e}^{-x^2}$, $f_y(x, y) = -\mathrm{e}^{-y^2}$.

4. $f_{xx}(0, 0, 1) = 2$, $f_{xz}(1, 0, 2) = 2$, $f_{yz}(0, -1, 0) = 0$, $f_{zzx}(2, 0, 1) = 0$.

5. 证明略.

§9.3 全微分

1. (1) 充分, 必要;

(2) 必要;

(3) dx;

(4) dx - dy.

2. (1) $\mathrm{d}z\big|_{(2, 1)} = \dfrac{4}{7}\mathrm{d}x + \dfrac{2}{7}\mathrm{d}y$;

(2) $\mathrm{d}z = \cos(x\cos y)\cos y\,\mathrm{d}x - x\sin y\cos(x\cos y)\,\mathrm{d}y$.

3. $\mathrm{d}u = yzx^{yz-1}\mathrm{d}x + zx^{yz}\ln x\,\mathrm{d}y + yx^{yz}\ln x\,\mathrm{d}z$.

4. 精确值 $\Delta V = 5 \times 4 \times 3 - 4.6 \times 3.6 \times 2.8 = 13.632(\mathrm{m}^3)$;

近似值 $\Delta V \approx -\mathrm{d}V = -(yz\Delta x + xz\Delta y + xy\Delta z) = 14.8(\mathrm{m}^3)$.

§9.4 多元复合函数的求导法则

1. (1) $\dfrac{1 - x^2}{2}$;

(2) $324\ln 3$;

(3) $(\cos t - 6t^2)\mathrm{e}^{x-2y}$.

2. $\dfrac{\mathrm{d}z}{\mathrm{d}t} = \dfrac{3(1 - 4t^2)}{\sqrt{1 - (3t - 4t^3)^2}}$.

3. $\dfrac{\partial z}{\partial x} = 4x$, $\dfrac{\partial z}{\partial y} = 4y$.

4. $2\sin 2t + 1$.

5. (1) $\dfrac{\partial^2 z}{\partial y^2} = -2f' + 4y^2f''$;

(2) $\dfrac{\partial^2 z}{\partial x\partial y} = 4x^3f_1' + 2xf_2' + x^4yf_{11}'' - yf_{22}''$.

6. 提示：将 ξ，η 看作中间变量，通过复合函数偏导数运算求得新方程为 $\dfrac{\partial^2 u}{\partial \xi \partial \eta} = 0$.

§9.5　隐函数的求导公式

1. （1）$-\dfrac{1}{7}$；

　（2）x；

　（3）$\dfrac{34}{7}$；

　（4）$|\lambda| < 1$.

2. $\dfrac{\mathrm{d}y}{\mathrm{d}x} = \dfrac{\mathrm{e}^x - 2xy}{\sin y + x^2}$.

3. $\dfrac{\partial z}{\partial x} = \dfrac{yz - \sqrt{xyz}}{\sqrt{xyz} - xy}$；$\dfrac{\partial z}{\partial y} = \dfrac{xz - 2\sqrt{xyz}}{\sqrt{xyz} - xy}$.

4. $\left.\dfrac{\partial^2 z}{\partial x \partial y}\right|_{(0,\,0)} = -\dfrac{3}{25}$.

5. 略.

6. （1）$\dfrac{\mathrm{d}y}{\mathrm{d}z} = \dfrac{x - z}{y - x}$；

　（2）$\dfrac{\partial u}{\partial x} = \dfrac{\sin v}{\mathrm{e}^u(\sin v - \cos v) + 1}$；$\dfrac{\partial u}{\partial y} = \dfrac{-\cos v}{\mathrm{e}^u(\sin v - \cos v) + 1}$；

　$\dfrac{\partial v}{\partial x} = \dfrac{\cos v - \mathrm{e}^u}{u\mathrm{e}^u(\sin v - \cos v) + u}$；$\dfrac{\partial v}{\partial y} = \dfrac{\sin v + \mathrm{e}^u}{u\mathrm{e}^u(\sin v - \cos v) + u}$.

§9.6　多元函数微分学的几何应用

1. （1）$\dfrac{x - 1}{1} = \dfrac{y - 1}{1} = \dfrac{z - 1}{-1}$；

　（2）$\dfrac{x - 1}{8} = \dfrac{y + 1}{10} = \dfrac{z - 2}{7}$，$8x + 10y + 7z - 12 = 0$；

　（3）$2(x - 1) - 8(y + 2) + 6(z - 1) = 0$；

　（4）$\dfrac{x - 1}{2} = \dfrac{y + 2}{-1} = \dfrac{z + 2}{1}$.

2. （1）切线：$\dfrac{9x - 6}{1} = \dfrac{y + 2}{1} = \dfrac{z - 4}{4}$，法平面：$x + 9y + 36z - 126\dfrac{2}{3} = 0$；

　（2）切线：$\dfrac{x - 1}{3} = \dfrac{y - 1}{-3} = \dfrac{z - 3}{1}$，法平面：$3x - 3y + z - 3 = 0$.

3. 所求点为 $M(-1,\ 1,\ -1)$ 或 $M\left(-\dfrac{1}{3},\ \dfrac{1}{9},\ -\dfrac{1}{27}\right)$.

4. 切平面方程：$x + 2y + 3z - 6 = 0$，法线方程：$\dfrac{x - 1}{1} = \dfrac{y - 1}{2} = \dfrac{z - 1}{3}$.

5. $(-3,\ -1,\ 3)$

6. 证明略.

§9.7 方向导数与梯度

1. (1) $\dfrac{5}{3}$;

   (2) $5i + 4j + 3k$;

   (3) $\dfrac{1}{2}$, $\dfrac{\sqrt{2}}{2}$, $-\dfrac{\sqrt{2}}{2}$.

2. $-\dfrac{\sqrt{2}}{2}$.

3. $-\sqrt{3}$.

4. $\mathrm{grad}f\big|_{(1,\,1,\,1)} = 6i + 3j$, $P(1,\,1,\,1)$ 的方向导数的最大值为 $\big|\mathrm{grad}f\big|_{(1,\,1,\,1)}\big| = 3\sqrt{5}$.

5. 由梯度的意义可知，沿梯度 $(-4,\,-6)$ 方向能尽快地升高.

§9.8 多元函数的极值及其求法

1. (1) -2;

   (2) 最小值;

   (3) $(0,\,0)$.

2. 在 $(-1,1)$ 处有极大值 $z(-1,\,1) = 1$.

3. 在 $(1,\,-1,\,6)$ 处，$z=6$ 是极大值；在 $(1,\,-1,\,-2)$ 处，$z=-2$ 是极小值.

4. (1) 在闭区域 D 上最大值为 11，最小值为 2;

   (2) 在闭区域 D 上最大值为 25，最小值为 9.

5. $\dfrac{50}{3}$, $\dfrac{50}{3}$, $\dfrac{50}{3}$.

6. 点 $\left(\dfrac{a}{\sqrt{3}},\,\dfrac{b}{\sqrt{3}},\,\dfrac{c}{\sqrt{3}}\right)$ 处有 $V_{\min} = \dfrac{\sqrt{3}}{2}abc$.

7. 所求长 2m，宽 2m，高 3m.

自测题九

一、1. $\dfrac{1}{4}$;

2. $\dfrac{4}{7}\mathrm{d}x + \dfrac{2}{7}\mathrm{d}y$;

3. $-\dfrac{1}{2}$;

4. $\sqrt{21}$;

5. $x + 4y + 6z = \pm 21$.

二、1. C; 2. D; 3. C; 4. D; 5. A.

三、1. (1) e, (2) ln2;

2. $\dfrac{\partial^2 z}{\partial x \partial y} = -\dfrac{y}{x^2}f'' + g_1' - \dfrac{x}{y}g_{12}'' - \dfrac{x}{y^2}g_{22}''$;

3. $\dfrac{\mathrm{d}y}{\mathrm{d}x} = \dfrac{y+x}{y-x}$;

4. $-\dfrac{\sqrt{6}}{4}$;

5. $-\dfrac{3}{\sqrt{22}}$;

6. $(0,0)$ 为极大值点，极大值 $z|_{(0,0)} = 0$；$(2,2)$ 为极小值点，极小值 $z|_{(2,2)} = -8$.

四、1. $a = 3$；

2. $(0,-1,0)$，$\left(\dfrac{4}{5},\dfrac{3}{5},0\right)$ 到原点的距离最短，都为 1.

五、提示：实质是条件极值问题.

第 10 章　　二重积分的概念与性质

§10.1　二重积分的概念与性质

1. （1）曲顶柱体的体积；

　（2）$2S$；

　（3）$\dfrac{2}{3}\pi a^3$；

　（4）0.

2. （1）$\geqslant$；

　（2）$\leqslant$；

　（3）$\geqslant$；

　（4）$\leqslant$.

3. （1）$0 \leqslant I \leqslant 2$；

　（2）$36\pi \leqslant I \leqslant 100\pi$.

§10.2　二重积分的计算法（一）

1. （1）X；

　（2）Y，$\displaystyle\int_c^d \mathrm{d}y \int_{\psi_1(y)}^{\psi_2(y)} f(x,y)\,\mathrm{d}x$；

　（3）$\displaystyle\int_a^b \mathrm{d}x \int_c^d f(x,y)\,\mathrm{d}y$；

　（4）$\displaystyle\int_0^1 \mathrm{d}y \int_y^1 f(x,y)\,\mathrm{d}x$；

　（5）$\displaystyle\int_0^1 \mathrm{d}x \int_x^1 f(x,y)\,\mathrm{d}y$.

2. （1）$\displaystyle\int_0^4 \mathrm{d}x \int_x^{2\sqrt{x}} f(x,y)\,\mathrm{d}y$ 或 $\displaystyle\int_0^4 \mathrm{d}y \int_{\frac{y^2}{4}}^y f(x,y)\,\mathrm{d}x$；

　（2）$\displaystyle\int_1^2 \mathrm{d}x \int_{\frac{1}{x}}^x f(x,y)\,\mathrm{d}y$ 或 $\displaystyle\int_{\frac{1}{2}}^1 \mathrm{d}y \int_{\frac{1}{y}}^2 f(x,y)\,\mathrm{d}x + \int_1^2 \mathrm{d}y \int_y^2 f(x,y)\,\mathrm{d}x$.

3. 略.

4. (1) $\int_0^4 \mathrm{d}x \int_{\frac{x}{2}}^{\sqrt{x}} f(x, y) \mathrm{d}y$;

(2) $\int_{-1}^1 \mathrm{d}x \int_0^{\sqrt{1-x^2}} f(x, y) \mathrm{d}y$.

5. (1) $\dfrac{8}{3}$;

(2) $\dfrac{20}{3}$.

6. (1) 1;

(2) $\dfrac{1}{2}(1-\cos 4)$;

(3) $\dfrac{13}{6}$;

(4) $\dfrac{3}{2}$.

7. $\dfrac{17}{6}$.

§10.2 二重积分的计算法 （二）

1. (1) $\begin{cases} x = \rho\cos\theta \\ y = \rho\sin\theta \end{cases}$;

(2) $\rho = 2a\cos\theta$, $\rho = \sec\theta$;

(3) $\rho\mathrm{d}\rho\mathrm{d}\theta$, $\iint\limits_{D} f(\rho\cos\theta, \rho\sin\theta)\rho\mathrm{d}\rho\mathrm{d}\theta$;

(4) $\int_0^{2\pi} \mathrm{d}\theta \int_0^2 e^{\rho^2}\rho\mathrm{d}\rho$;

(5) $\int_0^{\frac{\pi}{4}} \mathrm{d}\theta \int_1^2 \theta\rho\mathrm{d}\rho$.

2. (1) $\int_0^{\frac{\pi}{4}} \mathrm{d}\theta \int_0^{\sec\theta} f(\rho\cos\theta, \rho\sin\theta)\rho\mathrm{d}\rho + \int_{\frac{\pi}{4}}^{\frac{\pi}{2}} \mathrm{d}\theta \int_0^{\csc\theta} f(\rho\cos\theta, \rho\sin\theta)\rho\mathrm{d}\rho$;

(2) $\int_{\frac{\pi}{4}}^{\frac{\pi}{3}} \mathrm{d}\theta \int_0^{2\sec\theta} f(\rho)\rho\mathrm{d}\rho$.

3. (1) $\pi(\cos\pi^2 - \cos 4\pi^2)$;

(2) 8π.

4. (1) $\dfrac{\pi R^3}{3} - \dfrac{4R^3}{9}$;

(2) $\dfrac{a^4}{2}$.

5. (1) 5π;

（2）$\dfrac{8}{3}\pi - \dfrac{16}{9}$.

6. $\dfrac{3}{32}\pi a^4$.

7. $f(x, y) = \sqrt{1 - x^2 - y^2} - \dfrac{4}{3\pi}\left(\dfrac{\pi}{2} - \dfrac{2}{3}\right)$.

§10.3　三重积分

1. （1）有界闭区域 Ω 上物体的质量；

　　（2）$2V$；

　　（3）0；

　　（4）$\displaystyle\int_0^1 \mathrm{d}x \int_0^{1-x} \mathrm{d}y \int_0^{xy} f(x, y, z)\mathrm{d}z$；

　　（5）$\displaystyle\int_{-1}^1 \mathrm{d}x \int_{-\sqrt{1-x^2}}^{\sqrt{1-x^2}} \mathrm{d}y \int_{x^2+2y^2}^{2-x^2} f(x, y, z)\mathrm{d}z$；

　　（6）$\begin{cases} x = \rho\cos\theta \\ y = \rho\sin\theta \\ z = z \end{cases}$；

　　（7）$\rho\,\mathrm{d}\rho\,\mathrm{d}\theta\,\mathrm{d}z$，$\displaystyle\iiint\limits_{\Omega} f(\rho\cos\theta, \rho\sin\theta, z)\rho\,\mathrm{d}\rho\,\mathrm{d}\theta\,\mathrm{d}z$.

2. 0

3. $\dfrac{1}{2}\left(\ln 2 - \dfrac{5}{8}\right)$

4. $\dfrac{\pi h^2 R^2}{4}$

5. （1）$\dfrac{7}{12}\pi$；

　　（2）$\dfrac{16}{3}\pi$.

6. $\dfrac{8\sqrt{2} - 7}{6}\pi$.

§10.4　重积分的应用

1. （1）$\dfrac{1}{\cos\gamma}$；

　　（2）$\displaystyle\sum_{i=1}^n m_i y_i$，$\displaystyle\sum_{i=1}^n m_i x_i$；

　　（3）$\dfrac{\displaystyle\iint\limits_{D} x\mu(x, y)\mathrm{d}\sigma}{\displaystyle\iint\limits_{D} \mu(x, y)\mathrm{d}\sigma}$，$\dfrac{\displaystyle\iint\limits_{D} y\mu(x, y)\mathrm{d}\sigma}{\displaystyle\iint\limits_{D} \mu(x, y)\mathrm{d}\sigma}$.

2. $\sqrt{2}\pi$.

3. $2a^2(\pi - 2)$

4. $\left(\dfrac{35}{48},\ \dfrac{35}{54}\right).$

5. $\left(0,\ 0,\ \dfrac{3a}{8}\right)$

6. $\dfrac{1}{12}Mh^2,\ \dfrac{1}{12}Mb^2$（其中 $M = bh\mu$，为矩形板的质量）.

7. （1）$\dfrac{8}{3}a^4$；

　　（2）$\left(0,\ 0,\ \dfrac{7}{15}a^2\right)$；

　　（3）$\dfrac{112}{45}a^6\rho.$

8. $F_x = 0,\ F_y = 0,\ F_z = -2\pi G\rho\left[\sqrt{(h-a)^2 + R^2} - \sqrt{R^2 + a^2} + h\right].$

自测题十

一、1. 4π；

2. $\displaystyle\int_0^{\frac{1}{2}}\mathrm{d}x\int_{x^2}^{x}f(x,\ y)\,\mathrm{d}y$；

3. $xy + \dfrac{1}{8}$；

4. $\dfrac{1}{2}(1 - \mathrm{e}^{-4})$；

5. $\displaystyle\int_0^{\frac{\pi}{2}}\mathrm{d}\theta\int_{\frac{1}{\cos\theta+\sin\theta}}^{1}f(r\cos\theta,\ r\sin\theta)r\,\mathrm{d}r.$

二、1. C；　2. D；　3. A；　4. C；　5. B.

三、$\dfrac{1}{2}.$

四、$\dfrac{\pi^2}{16}.$

五、2.

六、$\mathrm{e}-1.$

七、$\dfrac{3\sqrt{2}}{4}.$

八、略.

九、$\dfrac{59}{480}\pi R^5.$

第 11 章　曲线曲面积分

§11.1　对弧长的曲线积分

1. （1）$\dfrac{13}{6}$；

(2) π;

(3) $12a$.

2. (1) $2\pi^2 a^3(1 + 2\pi^2)$;

(2) $2 + \sqrt{2}$;

(3) $\dfrac{256}{15}a^3$;

(4) $\dfrac{\sqrt{3}}{2}(1 - e^{-1})$;

(5) $-\pi a^3$.

3. $2a^2$.

4. (1) $I_z = \dfrac{2}{3}\pi a^2\sqrt{a^2 + k^2}(3a^2 + 4\pi^2 k^2)$;

(2) $\bar{x} = \dfrac{6ak^2}{3a^2 + 4\pi^2 k^2}$, $\bar{y} = \dfrac{-6\pi ak^2}{3a^2 + 4\pi^2 k^2}$, $\bar{z} = \dfrac{3k(\pi a^2 + 2\pi^3 k^2)}{3a^2 + 4\pi^2 k^2}$.

§11.2　对坐标的曲线积分

1. (1) $\dfrac{3\pi}{2}$;

(2) $>$, $<$, $=$.

2. (1) 0;

(2) $\dfrac{4}{3}$;

(3) 4;

(4) -2π;

(5) 13;

(6) -2π.

3. $\displaystyle\int_L \left[\sqrt{2x - x^2}\,P(x, y) + (1 - x)Q(x, y)\right]\mathrm{d}s$.

4. $\dfrac{1}{60}$.

§11.3　格林公式及其应用

1. (1) $-2\pi R^2$;

(2) 2π;

(3) x^2.

2. (1) 12;

(2) $\dfrac{448}{3} - \cos 4 - 7e^8$;

(3) $\dfrac{\pi^2}{4}$;

(4) $2a^3 - \dfrac{4}{15}ab^4$;

(5) $- m\left(1 + \dfrac{\pi}{4}\right)$;

(6) $\dfrac{3}{2}\pi$.

3. $\dfrac{3}{8}\pi a^2$.

4. $\arctan \dfrac{y}{x}$.

5. $Q(x,\ y) = x^2 + 2y - 1$.

§11.4　对面积的曲面积分

1. (1) $\dfrac{\sqrt{3}}{12}$;

(2) 0;

(3) $\dfrac{4}{3}\sqrt{3}$.

2. (1) $4\sqrt{61}$;

(2) $2\pi \arctan \dfrac{H}{R}$;

(3) $\dfrac{1}{6}(8 - 5\sqrt{2})\pi$;

(4) $\dfrac{64}{15}\sqrt{2}$.

3. $\dfrac{2\pi}{15}(6\sqrt{3} + 1)$.

4. $\dfrac{4}{3}\mu_0 \pi a^4$.

§11.5　对坐标的曲面积分

1. (1) 0;
   (2) 0;
   (3) π.

2. (1) $\dfrac{2}{105}\pi R^7$;

(2) $\dfrac{3}{2}\pi$;

(3) $\dfrac{6}{5}$;

(4) $\dfrac{1}{8}$;

(5) $2\pi\left(\dfrac{7}{3} + e - e^2\right)$.

3. $\dfrac{1}{2}$

§11.6 高斯公式 通量与散度

1. （1） $(2 - \sqrt{2})\pi R^3$ ；

   （2） 2π ；

   （3） 4π .

2. （1） $3a^4$ ；

   （2） $\dfrac{12}{5}\pi$ ；

   （3） $\dfrac{\pi}{8}$ ；

   （4） $\dfrac{3}{2}\pi$ ；

   （5） $-\dfrac{1}{2}a^2 b^2 \pi$.

§11.7 斯托克斯公式 环流量与旋度

1. （1） π ；

   （2） -24 .

2. （1） $-a^3$ ；

   （2） $-2\pi a(a + b)$.

3. $\dfrac{3}{2}$.

自测题十一

一、1. $\dfrac{\sqrt{3}}{2}$ ；

2. 0 ；

3. $2\pi\left(1 - \dfrac{\sqrt{2}}{2}\right)R^3$.

二、1. D； 2. C； 3. D.

三、1. $e^a\left(2 + \dfrac{\pi}{4}a\right) - 2$ ；

2. $\dfrac{k^3 \pi^3}{3} - a^2 \pi$ ；

3. $\sin 1 + e - 1$ ；

4. $\dfrac{125\sqrt{5} - 1}{420}$ ；

5. $\dfrac{\pi}{2}$.

四、-4 .

五、34π.

六、(1) 略;

(2) $\varphi(y) = -y^2$.

七、略.

第 12 章   无穷级数

§12.1   常数项级数的概念和性质

1. (1) $\dfrac{2}{4n^2-1}$，1;

(2) 必要，充分;

(3) $2A - u_1$;

(4) $\dfrac{2}{2-\ln 3}$;

(5) $|r| < 1$.

2. (1) 收敛，$\dfrac{1}{2}$;

(2) 发散;

(3) 收敛，$\dfrac{3}{2}$;

(4) 发散;

(5) 发散;

(6) 收敛，$1-\sqrt{2}$.

3. 略.

§12.2   常数项级数的审敛法

1. (1) 0;

(2) 收敛;

(3) 发散;

(4) 充分;

(5) $0 < p \leqslant \dfrac{1}{2}$.

2. (1) 发散;

(2) 收敛;

(3) 收敛;

(4) $a>1$ 时收敛, $a \leqslant 1$ 时发散.

3. (1) 发散;

(2) 收敛;

(3) $a < e$ 时收敛, $a \geqslant e$ 时发散;

(4) 收敛.

4. （1）收敛；

　　（2）收敛；

　　（3）收敛；

　　（4）$a>b$ 时收敛，$a<b$ 时发散，$a=b$ 时无法判断．

5. （1）条件收敛；

　　（2）条件收敛；

　　（3）发散；

　　（4）绝对收敛．

6. 略．

7. 略．

§12.3　幂级数

1. （1）1，$[-1, 1)$；

　　（2）$(-\sqrt{2}, \sqrt{2})$；

　　（3）$(-2, 0]$；

　　（4）$[0, 2]$；

　　（5）$\dfrac{x-1}{2-x}$，$(0, 2)$．

2. （1）$R=1$，$(-1, 1)$；

　　（2）$R=\dfrac{1}{2}$，$\left(-\dfrac{1}{2}, \dfrac{1}{2}\right)$；

　　（3）$R=1$，$(-1, 1)$；

　　（4）$R=1$，$[2, 4]$．

3. （1）$S(x)=\dfrac{1}{4}\ln\dfrac{1+x}{1-x}+\dfrac{1}{2}\arctan x-x$，$x\in(-1, 1)$；

　　（2）$S(x)=\dfrac{x}{(1-x)^2}$，$x\in(-1, 1)$；

　　（3）$S(x)=\dfrac{1+x}{(1-x)^3}$，$x\in(-1, 1)$，$s=\dfrac{1}{27}$．

§12.4　函数展开成幂级数

1. （1）$e^x=1+x+\dfrac{x^2}{2!}+\cdots+\dfrac{x^n}{n!}+\cdots$，$x\in(-\infty, +\infty)$；

　　（2）$\dfrac{1}{1+x}=1-x+x^2-x^3+\cdots+(-1)^n x^n+\cdots$，$x\in(-1, 1)$；

　　（3）$\ln(1+x)=x-\dfrac{x^2}{2}+\dfrac{x^3}{3}-\dfrac{x^4}{4}+\cdots+(-1)^n\dfrac{x^{n+1}}{n+1}+\cdots$，$x\in(-1, 1]$；

　　（4）$\sin x=\displaystyle\sum_{k=0}^{\infty}\dfrac{(-1)^k}{(2k+1)!}x^{2k+1}$，$x\in(-\infty, +\infty)$；

　　（5）$(1+x)^a=1+ax+\dfrac{a(a-1)}{2!}x^2+\cdots+\dfrac{a(a-1)(a-2)\cdots(a-n+1)}{n!}x^n+\cdots$，

$x \in (-1, 1)$.

2. (1) $\ln(a + x) = \ln a + \sum\limits_{n=1}^{\infty} (-1)^{n-1} \dfrac{1}{n}\left(\dfrac{x}{a}\right)^n$, $x \in (-a, a]$;

(2) $a^x = \sum\limits_{n=0}^{\infty} \dfrac{(x\ln a)^n}{n!}$, $x \in (-\infty, +\infty)$;

(3) $\sin^2 x = \sum\limits_{n=1}^{\infty} (-1)^{n-1} \dfrac{2^{2n-1}}{(2n)!} x^{2n}$, $x \in (-\infty, +\infty)$;

(4) $\dfrac{x}{1 + x - 2x^2} = \sum\limits_{n=0}^{\infty} (-1)^n (2x)^n + \sum\limits_{n=0}^{\infty} (x)^n$, $x \in \left(-\dfrac{1}{2}, \dfrac{1}{2}\right)$.

3. $\dfrac{1}{x^2 + 3x + 2} = \sum\limits_{n=0}^{\infty} \left(\dfrac{1}{2^{n+1}} - \dfrac{1}{3^{n+1}}\right)(x + 4)^n$, $x \in (-6, -2)$.

4. $\dfrac{1}{x^2} = \sum\limits_{n=1}^{\infty} (-1)^{n-1} n(x - 1)^{n-1}$, $x \in (0, 2)$.

§ 12.5　函数的幂级数展开式的应用

1. 1.0986.

2. 0.4940.

3. $\sum\limits_{n=0}^{\infty} 2^{\frac{n}{2}} \cos \dfrac{n\pi}{4} \cdot \dfrac{x^n}{n!}$.

4. $\dfrac{1}{6}$.

§ 12.7　傅里叶级数

1. (1) $a_n = \dfrac{1}{\pi} \int_0^{2\pi} f(x) \cos nx \, \mathrm{d}x$, $b_n = \dfrac{1}{\pi} \int_0^{2\pi} f(x) \sin nx \, \mathrm{d}x$;

(2) $\dfrac{f(x_0^-) + f(x_0^+)}{2}$;

(3) $\dfrac{\pi^2}{8}, \dfrac{\pi^2}{24}, \dfrac{\pi^2}{12}$.

2. $f(x) = \pi^2 + 1 + 12 \sum\limits_{n=0}^{\infty} \dfrac{(-1)^n}{n^2} \cos nx$, $x \in (-\infty, +\infty)$.

3. $\cos \dfrac{x}{2} = \dfrac{2}{\pi} + \dfrac{4}{\pi} \sum\limits_{n=1}^{\infty} \dfrac{(-1)^{n-1}}{4n^2 - 1} \cos nx$, $x \in [-\pi, \pi]$.

4. $\dfrac{\pi - x}{2} = \sum\limits_{n=1}^{\infty} \dfrac{1}{n} \sin nx$, $x \in (0, \pi]$.

5. $x = \dfrac{\pi}{2} - \dfrac{4}{\pi}\left(\dfrac{\cos x}{1^2} + \dfrac{\cos 3x}{3^2} + \dfrac{\cos 5x}{5^2} + \cdots\right)$, $x \in [0, \pi]$.

§ 12.8　一般周期函数的傅里叶级数

1. (1) $a_n = \dfrac{1}{l} \int_{-l}^{l} f(x) \cos \dfrac{n\pi x}{l} \mathrm{d}x$, $b_n = \dfrac{1}{l} \int_{-l}^{l} f(x) \sin \dfrac{n\pi x}{l} \mathrm{d}x$;

（2）$\displaystyle\sum_{n=1}^{\infty} b_n \sin\frac{n\pi x}{l}$，$a_n = 0$，$b_n = \dfrac{2}{l}\displaystyle\int_0^l f(x)\sin\frac{n\pi x}{l}\mathrm{d}x$；

$\dfrac{a_0}{2} + \displaystyle\sum_{n=1}^{\infty} a_n\cos\frac{n\pi x}{l}$，$a_n = \dfrac{2}{l}\displaystyle\int_0^l f(x)\cos\frac{n\pi x}{l}\mathrm{d}x$，$b_n = 0$.

2. $f(x) = -\dfrac{1}{2} + \displaystyle\sum_{n=1}^{\infty}\left\{\dfrac{6}{n^2\pi^2}[1 - (-1)^n]\cos\frac{n\pi x}{3} + \dfrac{6}{n\pi}(-1)^{n+1}\sin\frac{n\pi x}{3}\right\}$，

$x \neq 3(2k+1)(k = 0,\ \pm 1,\ \cdots)$.

3. （1）$f(x) = \dfrac{4l}{\pi^2}\displaystyle\sum_{k=1}^{\infty}\dfrac{(-1)^{k-1}}{(2k-1)^2}\sin\frac{(2k-1)\pi x}{l}$，$x \in [0,\ l]$；

（2）$f(x) = \dfrac{l}{4} - \dfrac{2l}{\pi^2}\displaystyle\sum_{k=1}^{\infty}\dfrac{1}{(2k-1)^2}\cos\frac{2(2k-1)\pi x}{l}$，$x \in [0,\ l]$.

自测题十二

一、1. 充要；

2. $a > 1$；

3. $\dfrac{1}{3}$；

4. 3；

5. e－1.

二、1. D；　2. D；　3. C；　4. C；　5. D.

三、1. 发散；

2. 发散；

3. 条件收敛；

4. 绝对收敛.

四、1. $\left[-\dfrac{1}{5},\ \dfrac{1}{5}\right)$；

2. $(2,\ 0)$.

五、1. $S(x) = \dfrac{2 + x^2}{(2 - x^2)^2}$，$x \in (-\sqrt{2},\ \sqrt{2})$；

2. $S(x) = (2x^2 + 1)\mathrm{e}^{x^2}$，$x \in (-\infty,\ +\infty)$.

六、$\ln(x + \sqrt{x^2 + 1}) = x + \displaystyle\sum_{n=1}^{\infty}(-1)^n\dfrac{(2n-1)!!}{(2n)!!}\dfrac{x^{2n+1}}{2n+1}$，$x \in [-1,\ 1]$.

七、$f(x) = \dfrac{2}{\pi}\displaystyle\sum_{n=1}^{\infty}\dfrac{1 - \cos nh}{n}\sin nx$，$x \in (0,\ h) \cup (h,\ \pi]$；

$f(x) = \dfrac{h}{\pi} + \dfrac{2}{\pi}\displaystyle\sum_{n=1}^{\infty}\dfrac{\sin nh}{n}\cos nx$，$x \in [0,\ h) \cup (h,\ \pi]$.

八、略.